图像视觉属性传递算法的研究及应用

普园媛 徐 丹 阳秋霞 著

科学出版社

北 京

内 容 简 介

本书是作者在积累多年科研成果的基础上撰写而成的,详细介绍风格迁移领域中的一些算法设计和模型,涉及铅笔画风格实现、图像上色、云南重彩画的数字模拟和合成以及云南重彩画风格化绘制等技术。本书包含4 种不同的风格迁移算法,模型构建思路和实现步骤详细透彻。本书立足于图像风格迁移这一大的研究领域,结合作者多年的科研工作经验,本书面向对风格迁移这一研究方向感兴趣的读者,会起到很好的参考作用,帮助读者了解相关风格的迁移算法和设计思路。

本书适合从事图像风格迁移研究的科技工作者,以及对图像风格迁移研究感兴趣的大众阅读。

图书在版编目(CIP)数据

图像视觉属性传递算法的研究及应用 / 普园媛,徐丹,阳秋霞著.
北京 : 科学出版社, 2024.10. -- ISBN 978-7-03-079495-6

Ⅰ. TN911.73

中国国家版本馆 CIP 数据核字第 20240CY913 号

责任编辑:黄 桥 董素芹 / 责任校对:高辰雷
责任印制:罗 科 / 封面设计:墨创文化

科学出版社 出版

北京东黄城根北街 16 号
邮政编码:100717
http://www.sciencep.com

成都锦瑞印刷有限责任公司 印刷
科学出版社发行 各地新华书店经销

*

2024 年 10 月第 一 版 开本:787×1092 1/16
2024 年 10 月第一次印刷 印张:13
字数:300 000

定价:198.00 元
(如有印装质量问题,我社负责调换)

前　　言

图像的视觉属性研究及传递一直以来都受到研究者的极大关注，并且取得了非常丰硕的成果。无论利用传统算法提取图像视觉特征，还是采用深度学习方法自适应地学习图像深层或浅层特征，对该领域进行的针对性研究一直以来都是连续不断的。

作者在云南大学从事了十余年图像处理、计算机视觉、图像风格迁移等领域的科研工作，本书是作者在总结多年科研工作经验以及所获科研成果的基础上撰写的极具领域特色的图像视觉属性研究及传递专著。不仅全面深入地分析了图像视觉属性传递算法的研究现状，同时介绍了与该领域相关的传统或深度学习的算法。本书最大的特色是将云南少数民族重彩画也纳入研究对象，对少数民族的特色文化在一定程度上起到了宣传与保护的作用。

各类读者阅读本书均可有所受益。对于在校大学生、研究生，本书可作为学习研究图像视觉属性传递的一本参考书；对于非技术性科研人员，本书可作为一本普通读物，拓展读者知识面或激发其兴趣，同时宣传少数民族视觉艺术特色文化；即使是熟悉该领域的专业性读者，也可以从本书中获得新的启发与体会。

在本书的撰写过程中，作者参考了国内外专家和学者的论文、专著等文献，在此表示衷心的感谢。同时，感谢以下项目对本书提供的资金支持：国家自然科学基金项目（批准号：61271361、61761046、62162068、62362070）；云南省应用基础研究计划重点项目（批准号：202001BB050043）。

尽管作者在此领域有着十余年的科研工作经验，但科研是永无尽头的，学习也是终身的，书中难免存在见解局限之处，恳请广大读者批评指正。

作　者

2023 年 9 月

目　　录

第1章 绪 论

近年来，各种类型的图像视觉属性（颜色、纹理等）的传递变化已经越来越多地被研究和应用，到底什么是图像视觉属性的传递，这值得我们探讨。本章主要介绍几种常见的图像视觉属性以及图像视觉属性传递算法研究的现状和意义。

1.1 图像视觉属性

图像的视觉属性主要包括图像的颜色、纹理、风格、情感等方面。总体来说，图像视觉属性所包含的是图像的信息，如颜色的明暗、纹理的规则程度、艺术风格的差异和所体现的情感。

1.1.1 颜色

颜色是利用眼、脑和我们生活中的经验所产生的一种对光的感应，我们的眼睛看见不同频率的光线会有各异的颜色。颜色由三个独立属性描述，三个独立变量综合作用，形成一个空间坐标，称为颜色空间。但被描述的颜色对象本身是客观的，不同颜色空间只是通过不同的角度来衡量同一个对象。颜色空间依据基本结构被分为两大类：基色颜色空间和色彩、亮度分离的颜色空间。前者典型的是 RGB［即红（red）、绿（green）、蓝（blue）］，后者包括 HSV［即色调（hue）、饱和度（saturation）、亮度（value）］等。

RGB 三原色来源于 1807 年托马斯·杨（Thomas Young）提出的视觉三原色学说，后来亥姆霍兹（Helmholtz）在 1824 年也提出了三原色学说。即视网膜包含三种视锥细胞，分别包含对红、绿、蓝这三种光线敏感的视色素，当一定频率的光线作用在视网膜时，按一定的比例让三种视锥细胞各自产生不同的兴奋程度，这样的信息传到大脑的中枢，就出现某一种颜色的感觉。RGB 以红、绿、蓝三种基本色为基础，通过不同程度的叠加，产生丰富多彩的颜色。RGB 是经常被使用的一个颜色显示模型，如电视机、计算机的显示器等，大多数都使用这种模型。通过发射三种强度不同的电子束，使屏幕里面覆盖的红、绿、蓝磷光材料发光而生成色彩。在自然界中，每一种颜色都能通过红、绿、蓝三种色光混合形成，我们生活中见到的色彩大部分也都是混合形成的色彩，如图 1.1-1 所示。

HSV 是依据颜色的直观特性，由阿尔维·雷·史密斯（Alvg Ray Smith）在 1978 年创建的一种颜色空间，也称为六角锥体模型（hexcone model）。在这个模型中，颜色的参数分别为：色调、饱和度、亮度。色调是指色彩的相貌，就是我们常说的各种颜色，如红、黄、绿、青、蓝、紫等，是区别各种各样颜色的最佳标准，如图 1.1-2（a）所示。饱和度是指色彩的纯度，简单来说就是颜色中包含灰色量的高低，取值为 0～100%。

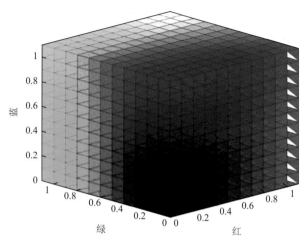

图 1.1-1　RGB 颜色空间

颜色中含色成分和消色成分（灰色）的比例决定该值的大小。含色占比越大，饱和度越大；消色占比越大，饱和度越低。如图 1.1-2（b）所示，饱和度越高，颜色越深；饱和度越低，颜色越浅、越灰。亮度是指颜色中混合了多少白色或黑色，表示色彩的明暗。在无彩色时，白色是最亮的，黑色是最暗的。如图 1.1-2（c）所示，颜色的亮度从左到右逐渐降低。

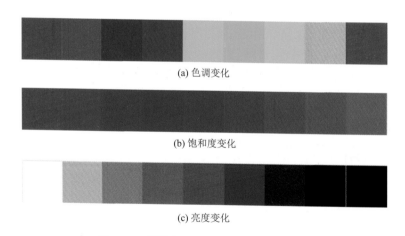

(a) 色调变化

(b) 饱和度变化

(c) 亮度变化

图 1.1-2　图像色调、饱和度、亮度变化图

1.1.2　纹理

纹理是一种反映图像中同质现象的视觉特征，它展现了物体表面缓慢变化或周期性变化的表面结构组织排列属性。纹理具有三大标志：非随机排列、纹理区域内大致为均匀的统一体、某种局部的序列性不断重复出现。

纹理分为随机纹理和规则纹理，物体表面结构组织排列是随机的、没有任何规则的称为随机纹理，如图 1.1-3（a）所示；物体表面结构组织排列有一定的规则性、规律性的则称为规则纹理，如图 1.1-3（b）所示。

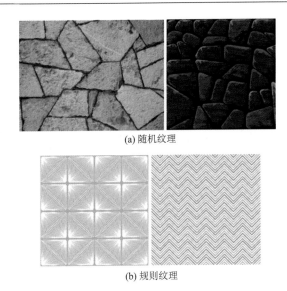

(a) 随机纹理

(b) 规则纹理

图 1.1-3　不同的纹理图

资料来源：六图网，http://www.16pic.com

1.1.3　风格

风格是一种艺术概念，指艺术作品在总体上所呈现的具有代表性的面貌。风格与一般的艺术特色不同，是利用艺术品展现出来的相对稳定且反映艺术家、时代或民族的思想、审美等的内在特性。由于艺术家具有不同的生活经历、艺术素养、情感、审美，又受到国家、时代、社会条件的影响，所以会呈现出不一样的艺术风格。图像的风格主要有照片、印象画、水彩画、油画、黑白画、水墨画、抽象画，如图 1.1-4 所示。

(a) 照片　　　　　(b) 印象画　　　　　(c) 水彩画

(d) 油画　　　(e) 黑白画　　　(f) 水墨画　　　(g) 抽象画

图 1.1-4　不同类型的图像风格

资料来源：六图网，http://www.16pic.com

照片是真实世界中的景象，是利用成像技术曝光后得到的图片，显示出了人眼所看到的世界，与其他艺术风格相比，照片是客观存在的事物，如图 1.1-4（a）所示。

印象派出现在 19 世纪 40 年代，印象派主张到外面去，是在阳光下描绘景物，着重用瞬间的印象作画，尽力去捕获大自然中的色彩、气氛、光线和现场感的一种艺术风格，作出的印象画如图 1.1-4（b）所示。

水彩画是使用透明颜料和水调作画的一种绘画方法，简称水彩。因为色彩透明，一层颜色叠加在另一层上来生成特殊的效果，表现出一种通透的视觉效果和水的流动感，如图 1.1-4（c）所示。

油画是使用快干性的植物油调和颜料，在纸板、画布或者木板上作画的艺术风格。油画颜料不透明，覆盖能力比较强，因此绘画时能够由深至浅、逐层覆盖，立体感强、色彩丰富，如图 1.1-4（d）所示。

黑白画是利用黑色（或白色）一种颜色作画，画面展现出黑白效果的一种绘画风格。黑与白就像有与无之间的相互浸润，形成一种实中带虚、虚中存实、有无相生的艺术风格。它巧妙处理黑与白两个极端的颜色，把一切融入黑与白组合的画面中，就像音乐和音响的旋律给人带来听觉上的快乐一样。黑白对比展现出非常强烈的艺术感，非常具有表现性，如图 1.1-4（e）所示。

水墨画指的是用水和墨，然后经过调配水和墨的浓度比例进行作画所展现出的一种艺术风格。水墨画具有近处写实、远处抽象、色彩微妙和意境丰富的特点，如图 1.1-4（f）所示。

抽象画指的是与自然物象相似非常少或根本没有相似之处，而又拥有强烈的形式来构成面貌的一种绘画风格。抽象画不是描述自然界的艺术，而是通过形状和颜色以主观的方式进行表达的一种艺术风格，如图 1.1-4（g）所示。

1.1.4 情感

情感是态度中的内向感受，其意向拥有协调一致性，是态度在生理上的一种稳定而又比较复杂的生理体验和评价，具体为欢乐、敬畏、满足、兴奋、生气、厌恶、害怕和忧伤等。图像不仅能传递丰富的语义信息，而且能够让观众产生强烈的情感。图像情感有多种分类方式，包括两分类和七分类等。两分类通常分为积极情感和消极情感。七分类包含的情感是两类积极情感，即高兴和兴奋；4 类消极情感，即生气、厌恶、害怕和沮丧；还有一个中立类，如图 1.1-5 所示。

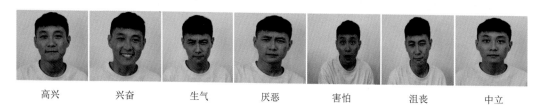

高兴   兴奋   生气   厌恶   害怕   沮丧   中立

图 1.1-5 七分类情感示例

资料来源：作者团队课题组成员自拍

1.2　图像视觉属性传递算法研究的意义

图像视觉属性（颜色、纹理、风格等）传递是近些年来计算机视觉、图像处理领域的一个非常热门的研究主题，国内外许多学者通过对图像的不同视觉属性进行传递，取得了非常不错的传递效果。图像视觉属性传递是指将一幅图像的视觉信息（颜色、纹理、风格等）迁移到另一幅图像，这两幅图像分别称为风格图和内容图。如图 1.2-1 所示，显示了图像视觉属性传递的示例，其中图 1.2-1（a）表示图像颜色传递结果，图 1.2-1（b）表示图像纹理传递结果，图 1.2-1（c）表示图像风格传递结果。

(a) 图像的颜色传递

(b) 图像的纹理传递

(c) 图像的风格传递

图 1.2-1　图像的视觉属性传递[1]

在我们的日常生活中，随着科学技术的不断发展，特别是手机、相机等电子产品的更新换代，我们随时随地可以通过它们来记录生活中的点点滴滴，拍照、摄影便是记录美好生活的最好方式。但是，有时候我们拍摄的照片可能会存在一些缺陷，它们或者是色彩曝光度不理想，或者是拍摄时段不合理等，不能达到我们预期的效果。例如，我们在拍摄照片时，由于光圈开得过大、底片的感光度太高或曝光时间过长，会造成照片失常。另外，人们在真实记录客观影像的愿望被满足后，也萌发了艺术创作及真实影像艺术化的想法。客观影像具有艺术大师风格成为一种迫切需求，人们往往会将自己拍摄的图片进行颜色上或者风格上的处理，使自己的图片具有更好的艺术色彩或者艺术风格。"美图秀秀""滤镜"这种应用更是风靡一时，受到人们的广泛使用。人们通过对照片进行一些绘画、上色等操作，使自己的图片具有更好的艺术效果。

如图 1.2-2 所示，通过"美图秀秀"软件实现彩色铅笔画风格传递，使图片更具有艺术色彩，给人一种艺术感。我们通过对图像视觉属性传递进行研究，把更多的风格传递到图像上，如达·芬奇、凡·高等风格，丰富图片处理效果。综上所述，我们可以发现图像视觉属性传递在生活中能够得到广泛的使用，也具有很大的经济价值和潜力。

(a) 内容图　　　　　　　　　　　　(b) 风格传递图

图 1.2-2　彩色铅笔风格传递

在少数民族文化艺术保护方面，很多少数民族具有自己独特的视觉艺术文化，图像视觉属性传递可以对这类视觉艺术进行传承和保护[2]。例如，云南重彩画，作为云南美术的独特样式，将东西方绘画语言、古今技法熔为一炉，具有极强烈的透视感，为无数文人墨客所喜爱，也让收藏家或爱好者为之倾倒。我们可以通过对图像视觉属性传递算法进行研究，将重彩画风格迁移到不同图像上。如图 1.2-3 所示，我们通过图像视觉属性风格传递算法，将云南重彩画风格传递到内容图片上，实现重彩画风格，非常美观和具有艺术效果。云南作为一个旅游大省，旅游业非常发达，我们可以利用图像视觉属性传递，将重彩画风格传递到不同图像上，作为云南特色的旅游产品，具有很大的经济价值，同时对云南重彩画发展也有很大的推动作用。

(a) 内容图　　　　　　　　(b) 风格图　　　　　　　(c) 风格传递图

图 1.2-3　重彩画风格传递[3]

在数字游戏开发上，一款好的游戏，不仅要有吸引人的游戏背景故事，还要有细腻、动人的画面风格。例如，韩国网游公司 Eyedentity Games 开发的一款三维（3D）动作大型多人在线角色扮演游戏（massively multiplayer online role-playing game，MMORPG）

《龙之谷》，一推出便饱受好评。游戏画面精致、优美和细腻，吸引了无数玩家；动作效果偏模糊化处理，给人一种梦幻感。游戏中的角色也非常多，有战士、弓箭手、牧师、魔法师、学者、舞娘、刺客等，人物脸部效果非常出色，游戏画面精致细腻，效果非常丰富，如图 1.2-4 所示。因此，对游戏来说，游戏画面至关重要，关系着一个游戏的存亡。

图 1.2-4　《龙之谷》游戏画面

资料来源：龙之谷官网，https://dn.web.sdo.com/web11/home/index.html

随着图像视觉属性传递算法的深入研究，图像的渲染能力越来越强，在游戏画面风格开发上可以发挥很好的作用。通过对图像的渲染，可设计出不同的游戏画面风格，如卡通风格和写实风格等，如图 1.2-5 所示。今后，我们可以通过图像视觉属性传递算法来进行实现和改善，使游戏的画面风格更加优美、细腻，这对游戏画面风格开发具有非常大的帮助，在如今火爆的游戏行业中，也会带来很大的经济价值。

(a) 卡通风格　　　　　　　　　　(b) 写实风格

图 1.2-5　游戏画面风格

在娱乐和影视制作行业中，为了给观众带来一种视觉盛宴，在视频效果制作和处理上都下足了功夫。《阿凡达》这部电影巅峰之作，给人带来了前所未有的视觉震撼。里面美轮美奂、精致万分的场景，更是让人流连忘返，特别是潘多拉之星悬浮山，更是征服了所有观众，而它的取景地便是中国第一个国家森林公园——张家界国家森林公园。为了达到较好的视觉效果，影视行业对人物和画面制作要求都非常高。而图像视觉属性传递通过对人物和场景进行风格传递，将另一种非常震撼的风格传递到人物和场景中，通过对算法的不断优化，可以提升人物和场景效果，给人一种震撼的视觉冲击，如图 1.2-6 所示。因此，可以通过对图像视觉属性传递算法的不断研究来提升图像处理效果，这在影视行业中具有很大的应用潜力，同时也能够带来巨大的经济价值。

图 1.2-6　影视场景

在广告行业领域中，随着社会经济的发展，广告业变得非常具有发展潜力，同时我们对广告的要求也非常高。广告不仅要有能够吸引人的文字，还要能够给人带来视觉上的冲击，这样才能够令人印象深刻，达到预期的广告效果。例如，广告中可能会有一些抽象的人或物，给人带来一种非常深刻的印象。我们可以通过图像视觉属性传递，把抽象的风格传递到人或物，实现人或物的抽象化，达到预期的广告效果。并且通过不断优化算法，让传递风格更加细腻、精致，提升人或物的艺术效果，达到令人印象深刻的效果，如图 1.2-7 所示。这在广告行业也是一种很好的开发拓展，通过将不同的风格传递到广告中，提升广告的艺术效果，使其更具感染力，具备较高的发展潜力。

图 1.2-7　运动宣传海报

通过上面的分析，我们可以发现：随着社会的发展，图像视觉属性传递算法研究变得越来越有意义，应用领域也变得更加广泛，在日常生活、游戏、娱乐、影视以及广告等行业都会有所涉及，能够带来巨大的经济价值和丰富的视觉效果，具有很好的发展潜力。

1.3　视觉艺术风格传递研究现状

风格传递是近年来计算机视觉领域的一个热门研究主题，已经实现对卡通画、素描、中国山水画、油画和剪纸等风格类型进行传递，还实现了人像妆容的传递。此外，许多研究者对少数民族视觉艺术风格传递进行了研究，如重彩画、烙画和刺绣等具有民族特色的画作。

　　将卷积神经网络运用到风格传递算法之前，传统的风格传递算法只利用风格图的纹理等低层图像特征。Guo 等[4]提出在摄影图像上生成具有印象派风格的绘画作品风格算法，从风格图中提取具有代表性的纹理块作为绘画的基本元素完成风格化绘制。闫莉等[5]提出铅笔画风格绘制。Zhao 和 Zhu[6]提出在照片上生成肖像绘画的算法，Zhao 等[7]将物体无缝插入任意艺术作品中，采用一种新的距离度量算法对图像亮度、纹理等进行距离度量，从而创造出一种与原艺术风格一致的新形象。Winnemöller 等[8]提出卡通画的风格化绘制算法。Chen 等[9]提出肖像光影传递算法，从人脸图像艺术光影绘画模板中挑选合适的模板对图像人脸进行变形，将模板人脸的艺术光影转移到人脸图像上。Reinhard 等[10]提出一种全局的图像色彩传递算法。

　　Gatys 等[11]首次将神经网络应用于图像风格转移中，实现了利用高层语义特征将风格图的风格转移到内容图上。针对 Gatys 等的算法在风格传输过程中无法捕捉到小而复杂的纹理的缺陷，Wang 等[12]提出了多通道传输网络，以不同的尺度进行分层，不仅可以实现大尺度的纹理转移，还可以实现细小纹理转移。文献[13]、[14]解决了 Gatys 等的算法耗时问题，在测试的时候可以实现实时风格转移，但只解决了训练一种风格耗时长的问题，对于另一种风格要重新训练。文献[15]~[17]提出可以同时训练多种风格的算法，解决了每次只能训练一种风格且训练时间长的问题。Risser 等[18]解决了 Gatys 等的算法风格转移过程不稳定的问题。Gatys 等[19, 20]又研究了如何控制空间、色彩和尺度这三种感知因素进行风格转移。风格转移算法还扩展到头部肖像风格转移和摄影风格转移。Selim 等[21]使用增益映射的概念来进行空间约束，在将风格图的纹理转移到内容图上的同时能保持人脸的结构。Liu 等[22]提出深度局部妆容迁移网络，在损失函数中采用人脸结构损失函数来进行人脸空间约束，从而保持了人脸结构。Shih 等[23]融合多种经典算法，实现了将一幅肖像风格转移到另一幅肖像上。Luan 等[24]提出深度摄影风格转移来实现对应语义转移，在风格转移时保持内容图的结构。

　　上述算法主要是在 Gatys 等的算法的基础上改进的，后续很多研究人员提出了新的算法进行风格转移。在使用生成式对抗网络（generative adversarial network，GAN）来实现图像到图像的转换中，CycleGAN[25]、DiscoGAN[26]和 DualGAN[27]都是通过一组图像对来学习输入图像和输出图像之间的映射，从而实现图像到图像的转换。Liao 等[28]提出一种新的视觉属性转换技术，可以将两幅具有不同外观但有相似语义结构的图像进行风格转移，将一幅图像的颜色、纹理等转移给另一幅图像。Isola 等[29]开创性的 pix2pix 工作，提出了基于条件 GAN 的有监督神经网络图像转换算法，Gal 等[30]使用对齐模型，将 GAN 从域 A 微调到域 B 来实现风格的转移。Song 等[31]、Huang 等[32]通过层交换创建的混合模型，即通过组合来自域 A 和域 B 的模型来实现风格传递。这些方法在多个域之间的图像到图像转换方面取得了很好的效果。

　　除了油画、卡通画和肖像等的迁移，研究者对少数民族的一些具有民族特色的画作也进行了研究。在云南重彩画研究领域，普园媛[33]设计了云南重彩画数字合成系统，通过对白描图的绘制、上色等实现了重彩画的绘制，但该算法不能将照片转移成重彩画风格。卢丽稳等[34]的算法可以将照片人脸转移成云南重彩画人脸，但头发纹理是从重彩画中提取的，没有保留照片人物的特点。陈怡真等[3]针对重彩画人物肢体修长的特点提出了人体图像重塑，对照片人物进行变形。为了保留人物形体结构和重彩画精细纹理，提出了按语义风格迁移和图像类比相结合的解决方案，针对重彩画线条分明、灵动的特点，提出了对风格迁移图进行线条感增强的方法。在烙画研究上，吴航和徐丹[35]针对当前葫芦烙画模拟方法通用性有限的问题，提出了一种基于深度神经网络的艺术风格迁移和模拟方法，分别对目标图像进行语义分割、艺术风格迁移和变形融合处理，将普通的照片生成对应的葫芦烙画。在刺绣研究上，郑锐等[36]针对刺绣风格数字化模拟方法立体感不强、缺少线条方向等问题，提出了一种基于深度学习和卷积神经网络的算法。利用图像语义分割网络和风格迁移网络，分别对目标内容图像与刺绣艺术风格图像进行目标提取和风格迁移。在木刻版画研究方面，李应涛和徐丹[37]为了使木刻版画风格转换结果呈现出更明显的木刻刻痕纹理，同时保持刻痕纹理分布的合理性，提出一种基于神经网络语义分割算法和神经风格转换的木刻版画风格转换算法，该算法按不同区域进行木刻版画的风格转换。钱文华等[38]提出了一种基于偏离映射的烙画艺术风格绘制方法。Yu 等[39]模拟了云南蜡染艺术作品的"冰纹"效果，通过裂痕模拟、色彩传输实现了蜡染艺术作品的数字化仿真。

1.4　本书主要内容

本书共包括 6 章，内容分别如下。

第 1 章主要介绍图像视觉属性和传递算法研究的意义以及视觉风格传递的研究现状和少数民族艺术风格传递研究现状。

第 2 章主要介绍色彩、纹理等常用图像视觉属性的传递研究。通过多种算法在图像视觉属性传递方面的应用，分析讨论这些算法在图像视觉属性传递方面的应用原理、特点和适用范围。这些算法包括经典的图像视觉属性传递算法和基于深度学习的视觉属性传递算法，并给出算法的运行结果图。

第 3 章主要介绍一种生成铅笔画风格的非真实感绘制技术。按照画家在绘制铅笔画时的步骤：轮廓图的绘制、纹理图的绘制来进行模拟。详细地介绍铅笔画绘制中最关键的两大步骤：轮廓图的绘制和纹理图的绘制，在绘制纹理图之前，最重要的一步是色调图的形成。色调图指导噪声场的生成，采用线积分卷积（line integral convolution，LIC）和分区域绘制生成不同方向的铅笔纹理。最后将铅笔画轮廓图与最后带有方向的纹理图进行叠加运算，合成我们所需的铅笔画。

第 4 章主要介绍基于卷积神经网络的实例图像上色。首先总结国内外图像上色传统方法及基于深度学习方法的研究现状。为了解决颜色溢出问题，提出极化实例上色网络，该网络将图像特征分为颜色通道和空间位置属性，提高颜色和图像目标的匹配成功率。针对颜色特征提取网络不断叠加而丢失颜色信息，导致颜色暗淡，以及单一非线性基函数不能准确拟合真实图像的颜色分布而出现颜色偏差等问题，提出一种结合细粒度自注意力机制的实例图像上色方法来解决图像上色中存在的颜色溢出、颜色暗淡和颜色偏差等问题。

第 5 章主要介绍基于绘制的云南重彩画风格的数字模拟和合成。首先讨论并归纳云南重彩画的绘画特点并创建云南重彩画基本图形元素库和白描图绘制系统，提出云南重彩画数字合成研究面临的第一个问题是如何构造重彩画白描图人物；然后，给出解决问题的方案，给出姿态各异的白描图绘制实例；其次，针对云南重彩画特有的刮痕状和点块状纹理，提出基于笔刷的参数可调 LIC 刮痕状纹理绘制算法和基于填充的多频率 LIC 点块状纹理绘制算法，在 RGB 颜色空间和 HSV 颜色空间实现点块状纹理的色彩融合；最后，给出大量的绘制实例。

第 6 章主要介绍基于深度学习的云南重彩画风格化绘制。选取云南重彩画作为研究对象，通过研究重彩画可以探索既有人物，纹理又精细的绘画作品的风格转移问题。针对云南重彩画人物肢体修长、服饰纹理具有很强的结构性和鲜明的线条等特点，从基于语义的人体变形、对应语义重彩画风格转移、线条感增强等方面对重彩画的风格转移进行研究，实现云南重彩画风格转移。

参 考 文 献

[1] 韩亚. 图像视觉属性迁移的研究及应用[D]. 昆明：云南大学，2018.

[2] 任健. 面向文物修复的中国书法风格迁移研究与应用[D]. 西安：西北大学，2019.

[3] 陈怡真，普园媛，徐丹，等. 重彩画的风格转移算法[J]. 计算机辅助设计与图形学学报，2019，31（5）：808-820.

[4] Guo Y W，Yu J H，Xu X D，et al. Example based painting generation[J]. Journal of Zhejiang University—Science A，2006，7（7）：1152-1159.

[5] 闫莉，普园媛，张梦晨，等. 绘制内容指导的铅笔画风格实现[J]. 计算机辅助设计与图形学学报，2017，29（7）：1292-1302.

[6] Zhao M T，Zhu S C. Portrait painting using active templates[C]//Proceedings of the ACM SIGGRAPH/Eurographics Symposium on Non-Photorealistic Animation and Rendering. Aire-la-Ville：Eurographics Association Press，2011.

[7] Zhao Y D，Jin X G，Xu Y Q，et al. Parallel style-aware image cloning for artworks[J]. IEEE Transactions on Visualization and Computer Graphics，2015，21（2）：229-240.

[8] Winnemöller H，Olsen S C，Gooch B. Real-time video abstraction[J]. ACM Transactions on Graphics，2006，25（3）：1221-1226.

[9] Chen X W，Jin X，Zhao Q P，et al. Artistic illumination transfer for portraits[J]. Computer Graphics Forum，2012，31（4）：1425-1434.

[10] Reinhard E，Adhikhmin M，Gooch B，et al. Color transfer between images[J]. IEEE Computer Graphics and Applications，2001，21（5）：34-41.

[11] Gatys L A，Ecker A S，Bethge M. Image style transfer using convolutional neural networks[C]//Proceedings of the IEEE Conference on Computer Vision and Pattern Recognition. Las Vegas，2016：2414-2423.

[12] Wang X，Oxholm G，Zhang D，et al. Multimodal transfer：A hierarchical deep convolutional neural network for fast artistic style transfer[C]//Proceedings of the IEEE Conference on Computer Vision and Pattern Recognition，Honolulu，2017：7178-7186.

[13] Johnson J，Alahi A，Li F F. Perceptual losses for real-time style transfer and super-resolution[C]//Proceedings of the European Conference on Computer Vision. Cham：Springer，2016：694-711.

[14] Ulyanov D，Lebedev V，Vedaldi A，et al. Texture networks：Feed-forward synthesis of textures and stylized images[C]//ICML，2016，1（2）：4.

[15] Dumoulin V，Shlens J，Kudlur M. A learned representation for artistic style[J]. arXiv preprint arXiv：1610.07629，2016.

[16] Chen T Q，Schmidt M. Fast patch-based style transfer of arbitrary style[J]. arXiv preprint arXiv：1612.04337，2016.

[17] Chen D D，Yuan L，Liao J，et al. StyleBank：An explicit representation for neural image style transfer[C]//Proceedings of the IEEE Conference on Computer Vision and Pattern Recognition. Honolulu，2017：2770-2779.

[18]　Risser E，Wilmot P，Barnes C. Stable and controllable neural texture synthesis and style transfer using histogram losses[J]. arXiv preprint arXiv：1701.08893，2017.

[19]　Gatys L A，Bethge M，Hertzmann A，et al. Preserving color in neural artistic style transfer[J]. arXiv preprint arXiv：1606.05897，2016.

[20]　Gatys L A，Ecker A S，Bethge M，et al. Controlling perceptual factors in neural style transfer[C]//Proceedings of the IEEE Conference on Computer Vision and Pattern Recognition. Honolulu，2017：3730-3738.

[21]　Selim A，Elgharib M，Doyle L. Painting style transfer for head portraits using convolutional neural networks[J/OL]. ACM Transactions on Graphics，2016，35（4）. https://dl.acm.org/doi/10.1145/2897824.2925968.

[22]　Liu S，Ou X Y，Qian R H，et al. Makeup like a superstar：Deep localized makeup transfer network[C]//Proceedings of the 25th International Joint Conference on Artificial Intelligence. Palo Alto：AAAI Press，2016.

[23]　Shih Y C，Paris S，Barnes C，et al. Style transfer for headshot portraits[J/OL]. ACM Transactions on Graphics，2014，33（4）. https://dl.acm.org/doi/10.1145/2601097.2601137.

[24]　Luan F J，Paris S，Shechtman E，et al. Deep photo style transfer[C]//Proceedings of the IEEE Conference on Computer Vision and Pattern Recognition. Honolulu，2017：6997-7005.

[25]　Zhu J Y，Park T，Isola P，et al. Unpaired image-to-image translation using cycle-consistent adversarial networks[C]//Proceedings of the IEEE International Conference on Computer Vision，Venice，2017：2242-2251.

[26]　Kim T，Cha M，Kim H，et al. Learning to discover cross-domain relations with generative adversarial networks[J]. arXiv preprint arXiv：1703.05192，2017.

[27]　Yi Z L，Zhang H，Tan P，et al. DualGAN：Unsupervised dual learning for image-to-image translation[C]//Proceedings of the IEEE International Conference on Computer Vision，Venice，2017：2868-2876.

[28]　Liao J，Yao Y，Yuan L，et al. Visual attribute transfer through deep image analogy[J/OL]. ACM Transactions on Graphics，2017，36（4）. https://dl.acm.org/doi/10.1145/3072959.3073683.

[29]　Isola P，Zhu J Y，Zhou T H，et al. Image-to-image translation with conditional adversarial networks[C]//Proceedings of the IEEE Conference on Computer Vision and Pattern Recognition.，Honolulu，2017：5967-5976.

[30]　Gal R，Patashnik O，Maron H，et al. StyleGAN-NADA：Clip-guided domain adaptation of image generators[J]. arXiv preprint arXiv：2108.00946，2021.

[31]　Song G X，Luo L J，Liu J，et al. AgileGAN：Slizing portraits by inversion-consistent transfer learning[J/OL]. ACM Transactions on Graphics，2021，40（4）. https://dl.acm.org/doi/10.1145/3450626.3459771.

[32]　Huang J L，Liao J，Kwong S. Unsupervised image-to-image translation via pre-trained StyleGAN2 network[J]. IEEE Transactions on Multimedia，2021，24：1435-1448.

[33]　普园媛. 云南重彩画艺术风格的数字模拟及合成技术研究[D]. 昆明：云南大学，2010.

[34]　卢丽稳，普园媛，刘玉清，等. 云南重彩画人脸肖像生成算法[J]. 图学学报，2013，34（3）：126-133.

[35]　吴航，徐丹. 葫芦烙画的艺术风格迁移与模拟[J]. 中国科技论文，2019，14（3）：278-284.

[36]　郑锐，钱文华，徐丹，等. 基于卷积神经网络的刺绣风格数字合成[J]. 浙江大学学报（理学版），2019，46（3）：270-278.

[37]　李应涛，徐丹. 木刻版画风格转换的深度学习算法[J]. 计算机辅助设计与图形学学报，2020，32（11）：1804-1812.

[38]　钱文华，徐丹，岳昆，等. 偏离映射的烙画风格绘制[J].中国图象图形学报，2013，18（7）：836-843.

[39]　Yu Y T，Xu D，Qian W H. Simulation of batik cracks and cloth dying[J]. Scientia Sinica Informationis，2019，49（2）：159-171.

第 2 章　图像视觉属性传递算法的研究现状

图像视觉属性传递主要包括图像间的色彩传递、纹理合成和风格传递等。目前国内外对图像的视觉属性传递的研究方法可以分为利用传统的算法进行图像视觉属性传递和通过深度学习卷积神经网络的方法进行图像视觉属性传递。

2.1　色　彩　传　递

色彩传递是指将参考图像的颜色渲染到目标图像中，同时保持目标图像的内容不变。本节主要针对传统色彩传递算法和深度色彩传递算法这两类算法，分别介绍三种具有代表性的算法供大家学习。

2.1.1　传统色彩传递算法

1. 赖因哈德（Reinhard）算法

Reinhard 算法是进行图像间色彩传递的一种全局算法，能够简单地实现图像间的色彩传递。Reinhard 算法是由 Reinhard 等[1]在 2001 年发表于 *IEEE Computer Graphics and Applications* 期刊的论文中提出的，该算法是在 lαβ 颜色空间进行的，通过计算每一个通道的均值和标准差，然后根据均值和标准差来进行两幅图像的色彩传递。原图像各个通道像素点的值减去相应通道的均值，得到去均值后的图像：

$$l^* = l - \langle l \rangle$$
$$\alpha^* = \alpha - \langle \alpha \rangle \qquad\qquad (2.1\text{-}1)$$
$$\beta^* = \beta - \langle \beta \rangle$$

式中，l 表示亮度分量；α 表示黄蓝相关颜色通道；β 表示红绿相关颜色通道；$\langle \cdot \rangle$ 表示取均值。

然后根据各通道的标准差确定的比例因子来计算合成图像的像素值，也就是色彩传递之后的像素值，计算公式如下：

$$l' = \frac{\sigma_t^l}{\sigma_s^l} l^*$$
$$\alpha' = \frac{\sigma_t^\alpha}{\sigma_s^\alpha} \alpha^* \qquad\qquad (2.1\text{-}2)$$
$$\beta' = \frac{\sigma_t^\beta}{\sigma_s^\beta} \beta^*$$

式中，s 表示原图像；t 表示参考图像；σ 表示标准差。

Reinhard 算法利用色调映射进行色彩传递，能够使图像的全局颜色发生改变。图 2.1-1 是利用 Reinhard 算法进行色彩传递的示例图，其中图 2.1-1（a）为原图像，图 2.1-1（b）为参考图，图 2.1-1（c）为利用 Reinhard 算法进行色彩传递的结果图。

(a) 原图像   (b) 参考图   (c) 结果图

图 2.1-1　利用 Reinhard 算法进行色彩传递的示例图[2]

由图 2.1-1 我们能够看出，第一组和第二组原图像利用 Reinhard 算法将参考图中的色彩信息完全传递，得到了较好的效果，第三组经色彩传递之后得到的结果图的色调与参考图是有偏差的。

由此我们可以得到以下结论：利用 Reinhard 算法进行色彩传递的时候，当原图像和参考图都是色调比较简单的图像时，经色彩传递得到的结果图比较理想；但是如果原图像和参考图是色调比较复杂的图像时，图像经过色彩传递得到的效果就会出现偏差。Reinhard 算法比较简单，易于实现，适用于一些色调比较简单的图像；但同时有明显的缺点，当遇到色调比较复杂的图像时，该算法就无法实现较为精准的色彩传递。

2. 皮蒂耶（Pitie）算法

Pitie 等[3]在 2005 年提出了图像的色彩传递算法，该算法是在图像的 RGB 颜色空间将目标数据集（示例）的统计信息传输到原始数据集来实现色彩传递，通过简单地从目标示例纹理的相邻分布中采样，可以合成看起来与目标图像更相似的图像。传输后，重新渲染的原始数据集与目标数据集具有相同的外观。因此该算法的成功依赖于真实数据的统计传输，统计数据是利用 N 维概率密度函数（probability density function，PDF）来计算得出的。利用 PDF 来进行色彩传递又分为一维 PDF 传递和多维 PDF 传递。

一维 PDF 传递利用比较简单的表达式表示：

$$t(x) = C_Y^{-1}(C_X(x)) \qquad (2.1-3)$$

式中，C_X 和 C_Y 是 X 和 Y 的 PDF 积累。使用离散的查找表可以很容易地解决这个问题。

多维 PDF 传递一般采取的方法是通过迭代的方法将多维降至一维,如考虑一维轴。沿轴计算 X 和 Y 的 N 维样本的投影。使用之前的一维 PDF 传递方法匹配这两个边缘可以产生一个一维映射函数。之后可以沿轴应用此映射来转换原始 N 维样本。将多维图像降至一维的操作如下。

（1）数据集源 x 和目标 y 的初始化,例如,在色彩传递 $x_j = (r_j, g_j, b_j)$ 中,r_j、g_j、b_j 是像素的红色、绿色和蓝色部分,像素为 j,$k \leftarrow 0$,$x^{(0)} \leftarrow x$（箭头表示映射）。

（2）在每一个维度中,重复步骤（1）。

（3）取一个旋转矩阵 R 和旋转样本：$x_r \leftarrow Rx^{(k)}$ 和 $y_r \leftarrow Ry$。

（4）在所有轴上进行采样,以获得边缘 f_i 和 g_i。

（5）对于每一个轴,找到与边缘 f_i 和 g_i 相匹配的一维变换 t_i。

（6）根据一维变换,重新映射样本 x_r。例如,一个样本 $(x_1, \cdots, x_N)$ 被重新映射到 $(t_1(x_1), \cdots, t_N(x_N))$,其中 N 是样本的维数。

（7）旋转样本：$x^{(k+1)} \leftarrow R^{-1}x_r$。

（8）$k \leftarrow k+1$。

（9）在所有可能的旋转中,所有的边缘都趋于一致。

（10）最后的一对一映射 t 是由 $\forall j, x_j \mapsto t(x_j) = x_j^{(\infty)}$ 给出的。

该算法最大的优点就是将多维计算降到一维上面来,降低了计算的复杂度,但是这种算法仅限于线性变换,并不是所有图像之间都是线性关系,两幅图像不满足线性变换时,得到的结果就会不理想。图 2.1-2 是利用 Pitie 算法进行色彩传递的示例图,其中图 2.1-2（a）为原图像,图 2.1-2（b）为参考图,图 2.1-2（c）为利用 Pitie 算法进行色彩传递的结果图。

(a) 原图像　　　　　　(b) 参考图　　　　　　(c) 结果图

图 2.1-2　利用 Pitie 算法进行色彩传递的示例图[2]

由图 2.1-2 可知，第一组和第二组图像能够较好地完成图像间的色彩传递，得到的效果很好，但是第三组图像传递效果就很差，主要原因是利用 Pitie 算法进行图像间的色彩传递需要两幅图像之间满足式（2.1-3）所示的线性关系，第三组图像不满足这种关系，自然就无法得到较好的传递效果。

Pitie 算法应用在图像间的色彩传递上面，对图像类型没有要求，可以是真实感的图像，也可以是非真实感的图像，但是两幅图像的像素需要满足线性关系才能够得到较好的效果。

3. CTWC 局部色彩传递算法

局部色彩传递允许只传递图像某部分的颜色，保留图像其余部分的颜色，可以在原图像和目标图像中选择一个或多个需要进行色彩传递的对应区域，并在这些区域完成对应色彩的传递。

局部色彩传递算法是一种简单有效的色彩传递算法。该算法根据在原图像和目标图像中选择的对应区域，对原图像构建色彩传递权系数（color transfer weight coefficient，CTWC），根据 CTWC 决定原图像受目标图像色彩传递的影响程度，以实现局部色彩传递。算法的流程如图 2.1-3 所示。

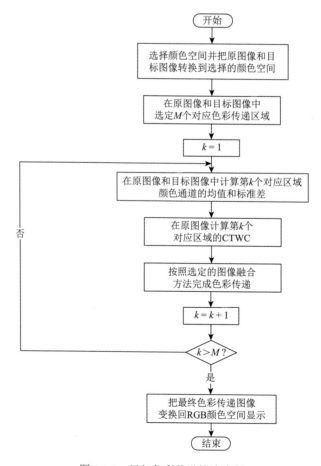

图 2.1-3　局部色彩传递算法流程

下面介绍该算法的主要步骤和实现方法。

1）颜色空间的选择

在彩色图像处理中，必须根据处理的目的选择合适的颜色空间，这将直接影响到图像处理的效果。在具体进行色彩传递时，可根据实际情况选择合适的颜色空间完成色彩传递。我们选择 lαβ 颜色空间讨论局部色彩传递算法。

2）选择对应区域

依据色彩传递的需要，分别在原图像和目标图像中选择对应区域，选取的区域用矩形框标识出来，矩形框内的像素颜色范围决定了原图像和目标图像之间需要传递的颜色范围。可以选择多对对应区域，但是必须使原图像和目标图像中的区域一一对应，如图 2.1-4 所示，R_s^k 和 R_t^k 为第 k 对原图像和目标图像中的对应区域，$c_s(i,j)$ 是原图像中像素 (i,j) 某个颜色通道的值。

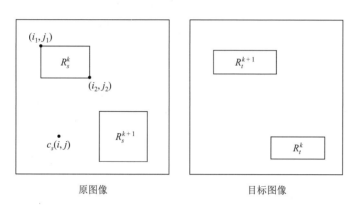

图 2.1-4　局部色彩传递对应区域示意图

3）计算对应区域的统计信息

分别在原图像和目标图像中计算各个对应区域中各颜色通道的统计信息，即各颜色通道的均值和标准差，式（2.1-4）为计算 R_s^k 区域中的均值和标准差公式：

$$\begin{cases} \mu_s^k = \dfrac{1}{N_s^k} \sum_{i=i_1}^{i_2} \sum_{j=j_1}^{j_2} c_s(i,j) \\ \sigma_s^k = \sqrt{\dfrac{1}{N_s^k-1} \sum_{i=i_1}^{i_2} \sum_{j=j_1}^{j_2} (c_s(i,j)-\mu_s^k)^2} \end{cases} \qquad (2.1\text{-}4)$$

式中，$N_s^k = (i_2 - i_1 + 1) \times (j_2 - j_1 + 1)$；$\mu_s^k$、$\sigma_s^k$ 是原图像在第 k 个对应区域的均值和标准差，用同样的方法可以得到目标图像中 R_t^k 区域的均值 μ_t^k 和标准差 σ_t^k。

4）计算对应区域的 CTWC

对原图像中每一个选定区域计算 CTWC。CTWC 是一个用来确定原图像中所有像素受所选区域色彩传递影响程度的权系数，每个像素的权系数由像素与所选择区域之间的颜色统计距离决定，颜色统计距离越小，像素的权系数越大。由于 lαβ 颜色空间各通道几乎不相关，彼此正交，可采用欧几里得距离来计算 CTWC。

设原图像中第 k 个选择区域的各颜色通道的均值为 μ_l^k、μ_α^k、μ_β^k，原图像中第 k 个选择区域之外的其他像素(i,j)的各个颜色通道的值为 $\left(l_{ij}^k, \alpha_{ij}^k, \beta_{ij}^k\right)$，则像素$(i,j)$与选择区域之间的颜色统计距离可以用式（2.1-5）来计算：

$$x_{ij}^k = \sqrt{\left(l_{ij}^k - \mu_l^k\right)^2 + \left(\alpha_{ij}^k - \mu_\alpha^k\right)^2 + \left(\beta_{ij}^k - \mu_\beta^k\right)^2} \tag{2.1-5}$$

为了计算 CTWC，需构建一个权函数 $w(x)$，它和颜色统计距离 x_{ij}^k 成反比，即 x_{ij}^k 越大，意味着像素 (i,j) 与选择区域的颜色差距越大，受色彩传递的影响越小；x_{ij}^k 越小，意味着像素 (i,j) 与选择区域的颜色差距越小，受色彩传递的影响越大。$w(x)$ 函数应该是一个单调递减函数，遵守下面的约束条件：

$$\begin{cases} \lim_{x\to\infty} w(x) = 0, w(0) = 1 \\ x \geqslant 0 \end{cases} \tag{2.1-6}$$

下面给出两种不同形式的 CTWC 的计算函数，并且比较它们的执行效果。

（1）指数形式权函数。参考文献[4]的方法，权函数 $w(x)$ 用式（2.1-7）的指数形式来定义：

$$w\left(x_{ij}^k\right) = e^{\frac{-ax_{ij}^k}{100}}, \quad i=1,2,\cdots,w_s; \ j=1,2,\cdots,h_s; \ a \geqslant 1 \tag{2.1-7}$$

该函数是一个单调递减的函数，w_s 和 h_s 是原图像的宽和高，a 是一个用来决定指数函数衰减程度的参数。权函数 $w(x)$ 随参数 a 变换的情况见图 2.1-5（a）。

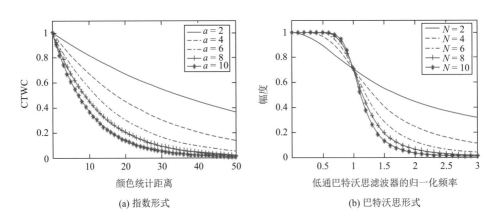

(a) 指数形式　　　　　　　(b) 巴特沃思形式

图 2.1-5　CTWC 权函数

从式（2.1-7）和图 2.1-5（a）可以看出，指数形式的权函数计算出的 CTWC 与颜色统计距离成反比，颜色统计距离越大，则 CTWC 的值越小，像素(i,j)受色彩传递的影响越小，反之亦然。

从图 2.1-5（a）还能看出，指数形式的 CTWC 随颜色统计距离呈连续的递减变化，没有跳变，这使色彩传递的效果也随颜色统计距离连续递减，不会出现跳变，这有利于颜色平滑地过渡，但也带来两个不足之处。

①由于人眼对色彩细节的分辨能力不强，看起来颜色相同的区域，其各个像素的实际颜色值不一定完全相同，它们的颜色值通常会在一个颜色范围内。选中的色彩传递对应区域中的像素颜色值也会在一个范围内变化，在这个颜色范围内的像素应该受到相同或相近的色彩传递影响，即它们的 CTWC 应该相同或相近，也就是感知距离较小的颜色加权后感知距离应变大，产生明显的视觉差异。但指数形式的 CTWC 不能做到这一点，因为颜色统计距离一旦大于零，它的 CTWC 就开始连续下降，使该方法不能令在一定颜色统计距离范围内的像素受到相同或相近的色彩传递影响。

②当只需要对与选择区域颜色相同或相近的颜色进行色彩传递时，这部分像素应赋予大的 CTWC 权值，而其他颜色像素应赋予很小的 CTWC 权值，但指数形式的 CTWC 不能做到这一点，因为它的 CTWC 是随颜色统计距离连续下降的，不具备色彩传递明确的指向性，使整幅原图像的各个像素或多或少都会受到色彩传递的影响。

针对以上不足，我们又提出了巴特沃思形式的 CTWC 局部色彩传递算法。

（2）巴特沃思形式权函数。局部色彩传递是通过某种方法把需要色彩传递的区域或像素找出来后进行色彩传递，该过程类似于信号处理技术中的滤波。本书参考信号处理技术中的滤波器设计方法[5]，设计具有某一指定带宽的低通滤波器，把颜色统计距离位于带宽范围内的像素找出来进行色彩传递，而颜色统计距离不在低通滤波器带宽范围内的像素则不进行色彩传递。由于低通滤波器可以通过截止频率和滤波器阶数的调节来控制其通带的宽度和通带到阻带的下降速度，可以灵活地选择色彩传递的颜色范围和色彩传递的过渡形式。下降速度慢，则颜色统计距离超过带宽的像素可以缓慢降低受色彩传递的影响程度，使色彩传递有一个平滑的过渡带；下降速度快，则颜色统计距离超过带宽的像素受色彩传递的影响力马上降为零，这样可以准确定位需要进行色彩传递的颜色范围，使局部色彩传递的指向性较好。

信号处理技术中，巴特沃思滤波器是常用的一种滤波器，N 阶低通巴特沃思滤波器的平方幅频响应由式（2.1-8）定义：

$$\left|H_a(\Omega)\right|^2 = \frac{1}{1+(\Omega / \Omega_c)^{2N}} \tag{2.1-8}$$

式中，N 是滤波器的阶数，它是一个正整数；Ω_c 是滤波器的截止频率。该函数是一个满足式（2.1-6）约束条件的单调递减函数，它的函数值随 Ω 的增大而衰减，当 $\Omega > \Omega_c$ 后，函数值下降并趋近于零。滤波器阶数 N 可以控制过渡带的宽度，即下降的速度，N 越大，则过渡带越窄，下降速度越快。图 2.1-5（b）是归一化截止频率 $\Omega_c = 1$ 的低通巴特沃思滤波器随不同阶数 N 变化的幅频响应图。

我们把信号处理中的低通巴特沃思滤波器扩展用到局部色彩传递中，用它来构建计算 CTWC 的权函数，滤波器的频率 Ω 对应为颜色统计距离 x_{ij}^k，截止频率 Ω_c 对应为颜色截止统计距离 x_c。这样，巴特沃思滤波器形式的 CTWC 权函数可以用式（2.1-9）表示：

$$w\left(x_{ij}^k\right) = \sqrt{\frac{1}{1+\left(x_{ij}^k / x_c\right)^{2N}}} \tag{2.1-9}$$

从图 2.1-5（b）和式（2.1-9）可以看出，有两个参数用来控制局部色彩传递的效果，它们是颜色截止统计距离 x_c 和滤波器的阶数 N。当像素的颜色统计距离 $x_{ij}^k \leqslant x_c$ 时，它的 CTWC 会保持为滤波器的通带幅度值，这意味着该像素受色彩传递的影响大，但当它的颜色统计距离 $x_{ij}^k > x_c$ 时，它的 CTWC 将会变得很小，这意味着它几乎不受色彩传递的影响。

5）改进的基于 CTWC 的 Reinhard 算法

基于前面提出的 CTWC 权函数计算方法，对 Reinhard 算法进行改进，得到基于 CTWC 的局部色彩传递模型，用式（2.1-10）表示：

$$C_s^{new}(i,j) = C_s(i,j) + w(x_{ij}) \cdot \left(\mu_t + \frac{\sigma_t}{\sigma_s}(C_s(i,j) - \mu_s) - C_s(i,j) \right) \quad (2.1\text{-}10)$$

式中，设只在原图像和目标图像中选择一对色彩传递的对应区域，$C_s(i,j)$ 是原图像中像素 (i,j) 某个颜色通道的数值；$w(x_{ij})$ 是原图像像素 (i,j) 的 CTWC 权值；μ_s、μ_t 分别是原图像和目标图像中对应区域的均值；σ_s、σ_t 分别是它们的标准差。

6）多区域局部色彩传递融合策略

在进行局部色彩传递时，有时需要对多个对应区域进行色彩传递，这时需解决如何对多次色彩传递后得到的图像进行融合的问题。融合过程既要体现各次色彩传递的效果，又要尽可能保证不需要色彩传递的地方不受影响。为此，本节提出两种图像融合方法来处理这个问题。

（1）迭代融合方式。假设需要色彩传递的对应区域个数是 M 个，按照选取区域的顺序，依次做局部色彩传递，并且后一次的传递在前一次传递结果的基础上完成，这样最终得到的结果图是所有对应区域迭代色彩传递的结果。式（2.1-11）用来描述该过程：

$$C_s^k(i,j) = C_s^{k-1}(i,j) + w(x_{ij}^k) \cdot \left(\mu_t^k + \frac{\sigma_t^k}{\sigma_s^k}\left(C_s^{k-1}(i,j) - \mu_s^k\right) - C_s^{k-1}(i,j) \right), \quad k=1,2,\cdots,M$$

$$(2.1\text{-}11)$$

式中，$w(x_{ij}^k)$ 是原图像像素 (i,j) 关于第 k 个选择区域的 CTWC 权值；μ_s^k、μ_t^k 分别是原图像和目标图像中第 k 个对应区域的均值；σ_s^k、σ_t^k 是它们的标准差。$C_s^0(i,j)$ 是原图像中像素 (i,j) 某个颜色通道的初始值，$C_s^k(i,j)$ 是第 k 个对应区域色彩传递后得到的结果图。这是一个迭代公式，第 $k-1$ 个对应区域色彩传递的结果图将作为第 k 个对应区域色彩传递的原图像使用。

（2）加权平均融合方式。这种融合方式是每一个对应区域先单独进行局部色彩传递，然后再对每一个对应区域得到的结果利用各自的 CTWC 进行加权平均，得到最终的结果图。该方法的基本步骤如下。

①对于原图像中每一个像素点 (i,j)，分别计算其与每一个对应区域的颜色统计距离 $x_{ij}^k(k=1,2,\cdots,M)$，然后再由式（2.1-9）得到这个区域对该像素的 CTWC 权值 $w(x_{ij}^k)(k=1,2,\cdots,M)$。

②对每一个选定的对应区域，由式（2.1-12）得到每次局部色彩传递的结果值 $C_s^k(i,j)(k=1,2,\cdots,M)$：

$$C_s^k(i,j) = C_s(i,j) + w(x_{ij}^k) \cdot \left(\mu_t^k + \frac{\sigma_t^k}{\sigma_s^k}(C_s(i,j) - \mu_s^k) - C_s(i,j) \right), \quad k=1,2,\cdots,M \quad （2.1\text{-}12）$$

这个步骤相当于对每个对应区域单独进行局部色彩传递。

③对各个对应区域计算加权 CTWC，用 $p(x_{ij}^k)$ 表示该加权系数，用式（2.1-13）计算：

$$p\left(x_{ij}^k\right) = \frac{w\left(x_{ij}^k\right)}{\displaystyle\sum_{k=1}^{M} w\left(x_{ij}^k\right)} \quad （2.1\text{-}13）$$

④对用式（2.1-12）得到的每个对应区域单独局部色彩传递的结果图用式（2.1-14）按加权系数进行加权平均后得到最终的色彩传递结果图，如表 2.1-1 所示。

$$C_s^{\text{new}}(i,j) = \sum_{k=1}^{M} p(x_{ij}^k) \cdot C_s^k(i,j) \quad （2.1\text{-}14）$$

表 2.1-1　巴特沃思形式 CTWC 算法的多区域色彩传递

对应区域	原图像	目标图像	采用迭代融合方式最终结果图	采用加权平均融合方式最终结果图
第一个对应区域				
第二个对应区域				
第一个对应区域				
第二个对应区域				

2.1.2　深度色彩传递算法

由于卷积神经网络的快速发展，人们开始将卷积神经网络应用到各个领域中，色彩传递也是如此。基于深度学习的色彩传递根据其应用领域主要分为全自动图像上色以及根据用户交互图像上色，其中根据用户交互图像上色还分为基于颜色提示上色、基于参考图的上色以及基于语言/文字上色的方法，以下是基于深度学习的各类别色彩传递算法介绍。

1. 全自动图像的色彩传递算法

对于传统的着色算法，无论以用户绘画还是图像分割的形式，都需要用户交互。然而，2016 年 Iizuka 等[6]提出了一种全自动的数据驱动的灰度着色方法，该方法是从整个图像中获取全局先验信息，并从局部补丁中获取局部图像特征以进行自动着色。全局先验信息从整个图像的角度提供信息，例如，图像是在室内还是室外拍摄的，是白天还是晚上拍摄的。局部信息则提供纹理或对象信息。结合这两个功能，无论图像是什么颜色，都不需要用户交互，即可自动完成上色。文献[6]在谷歌学术上至 2023 年 6 月引用量为 907，极大地促进了后来的全自动图像色彩传递算法研究的发展。

文献[6]使用的色彩空间为 $l\alpha\beta$ 颜色空间，通过网络模型来预测图片的色彩信号 α 和 β，最后结合灰度图本身的 l 信息，进行最终着色。整个网络架构如图 2.1-6 所示，此算法网络模型包含四个主要部分：低阶特征网络、中阶特征网络、全局特征网络和着色网络。首先，使用低阶特征网络计算一组共享的低阶特征。通过使用这些低阶特征，中阶特征网络和全局特征网络分别执行特征提取，并进入融合层。融合层后的特征作为上色网络的输入，最终输出图像的预测彩图。整个模型是基于卷积神经网络的模型，已经具备上色的功能了，但是因为没有结合全局特征，所以效果不好。

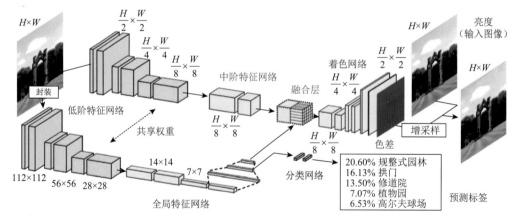

图 2.1-6　利用深度学习进行色彩传递的网络架构图[6]

如图 2.1-7 所示，图 2.1-7（a）是原图，图 2.1-7（b）是没有全局特征的输出结果，图 2.1-7（c）是添加全局特征后的输出结果，可以明显看到图 2.1-7（b）有多余的色系，但是图 2.1-7（c）显示良好，这就是加入全局特征的好处。

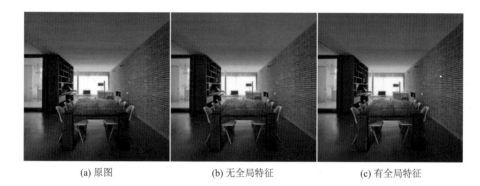

(a) 原图　　　　　　　　　(b) 无全局特征　　　　　　　　(c) 有全局特征

图 2.1-7　有无结合全局特征的效果对比

网络的第二个分支是一个标准的卷积网络,全局特征提取层的输出是一个 $1\times1\times256$ 的张量,后面添加了两个全连接层来让其变成一个具有分类功能的分类网络,也正因如此,全局特征提取网络的输出具有图像的语义信息并通过融合层将语义信息加入第一部分网络。网络的损失函数和融合层的公式如下:

$$L(y^{\text{color}}, y^{\text{class}}) = \| y^{\text{color}} - y^{\text{color},*} \|^2_{\text{FRO}} - \alpha\left(y^{\text{class}}_{i^{\text{class}}} - \ln\left(\sum_{i=0}^{N} \exp\left(y^{\text{class}}_i \right) \right) \right) \quad (2.1\text{-}15)$$

$$y^{\text{fusion}}_{u,v} = \sigma\left(b + W\begin{bmatrix} y^{\text{global}} \\ y^{\text{mid}}_{u,v} \end{bmatrix} \right) \quad (2.1\text{-}16)$$

式中,y^{color} 表示着色网络输出;$y^{\text{color},*}$ 表示真实颜色输出;$\|\cdot\|_{\text{FRO}}$ 表示弗罗贝尼乌斯范数;y^{class} 表示分类网络的输出;l^{class} 表示图像的真实分类标签;α 表示超参数;$y^{\text{fusion}}_{u,v}$ 表示在 (u,v) 处的融合特征;y^{global} 表示全局特征向量;$y^{\text{mid}}_{u,v}$ 表示在 (u,v) 处的中阶特征;σ 表示超参数;W 表示权重矩阵;b 表示偏差。损失函数的前半部分是一个典型的无监督网络的损失函数;后半部分就是分类部分的损失。前半部分损失的反向传播影响整个网络的权重,分类损失则只影响第二部分网络,并不影响上色网络和中阶特征提取网络的权重。通过设置超参数 α 为 0,就可以只使用前半部分损失。之所以要考虑分类损失,是因为模型很难学习到图片正确的上下文信息,如照片是室内还是室外等,导致只用彩色图片训练有时候会出现比较明显的错误,因此作者引入图片的类别标签来协同训练模型。引入的图片类别标签用来正确指导图片的全局特征模型的训练。为了实现这一功能,作者引入了一个包含两个全连接层的小型网络,如图 2.1-6 所示。整个网络使用均方误差(mean square error,MSE)准则进行训练,通过反向传播算法更新网络权重。从融合层的公式来看,坐标 (u, v) 处的特征与全局特征一样,是 256 维的向量,而 W 是 256×512 的矩阵,b 是 256 维偏置向量,最后得到的还是一个 256 维向量的融合特征。W 和 b 通过在网络学习得到,这部分可以看作把全局特征和中阶特征通过融合层融合起来,并处理成一个尺寸和中阶特征一致的 3D 特征。因此,此网络适用于任何分辨率的结果,照片的着色结果如图 2.1-8 所示。

图 2.1-8　文献[6]的算法着色结果

第一行为灰度图，第二行则是着色的效果图

　　综上所述，Iizuka 等[6]提出了一种融合全局和局部信息的灰度图像彩色化网络模型。此模型基于卷积神经网络，能够在没有任何用户干预的情况下进行着色。此模型可以端到端地在一个大数据集上训练进行场景识别，并采用联合的颜色化和分类损失，这不仅使它能够理解颜色，而且使颜色适应图像的语义信息，即日落中的天空颜色与白天的图像中不一样。与大多数深度学习框架不同的是，此架构可以处理任何分辨率的图像，产生非常可信的结果。但此算法也由于着色问题的模糊性容易存在不准确的着色，对建筑、室内装饰以及密集的场景等着色时比较容易出现这个问题，如图 2.1-9 所示。

(a) 输入　　　　　　　　　(b) 原图　　　　　　　　　(c) 着色结果

图 2.1-9　文献[6]的着色失效案例

由于着色问题的模糊性，第一行天空涂成了灰色，第二行把蓝色的帐篷涂成了橙色

2. 基于彩色参考图的着色算法

图像着色的目的是为灰度图像添加颜色，使着色后的图像具有感知意义和视觉吸引力。但着色问题本质上是模糊的，因为可能有许多颜色可以分配给输入图像的灰色像素（例如，叶子可能是绿色、黄色或棕色）。因此，没有唯一正确的解决方案，用户的干预往往在着色过程中起着重要的作用。其中的一种形式就是通过一张类似于灰度图像的彩色参考图来正确地传播可靠的颜色，但上色的质量很大程度上取决于参考图的选择，它容易因为光线、视点和内容的不同而造成参考点与目标点之间的差异，误导着色的结果。因此，He 等[7]提出了一种混合解决方案，这是第一个基于范例的局部着色的深度学习方法。与现有的着色网络如文献[6]相比，He 等的网络允许通过简单选择不同的参考图来控制输出的着色。如图 2.1-10 所示，参考点可以与目标点相似，也可以不相似，但总能在结果中得到很好的着色效果，在视觉上忠实于参考点，在感知上有意义。

图 2.1-10　文献[7]的着色结果

第一列为目标图，第二列和第四列为参考图，第三列和第五列为结果图

He 等[7]通过卷积神经网络直接选择参考的彩图，将灰度图像生成对应的彩色图像。此方法在质量上优于现有的基于样例图像的方法，两个关键的子网络如图 2.1-11 所示。首先，第一部分的相似性子网络（similarity sub-net）是一个预处理步骤，它通过在灰度图像对象识别任务上利用预训练的 VGG（visual geometry group，视觉几何组）-19 网络来实现对参考图和目标图的语义相似性的测量，但考虑到参考图是彩色的，目标图为灰度图，使用原始的 VGG-19 很难衡量参考图与目标图之间的语义关系，He 等[7]只使用图像的亮度通道来训练 VGG-19，提取其自身的特征，并计算其特征的差异，有效地提高了语义匹配的准确率。之后，将第一部分输出的目标图的 L 通道、相似度量图 $\mathrm{Sim}_{T \leftrightarrow R}$ 以及匹配的颜色空间图 R'_{ab} 作为第二部分着色子网络（colorization sub-net）的输入，通过此网络来获得一种更为普遍的上色策略。它采用多任务学习来训练两个不同的分支：色度分支和感知分支。在色度分支中，网络开始学习有选择地传播正确的参考颜色，这取决于目标图 T_L 和参考图 R_L 的匹配程度。

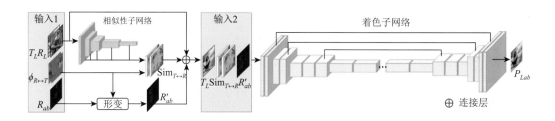

图 2.1-11　文献[7]的网络结构

$\phi_{R\leftrightarrow T}$ 是一个双向映射函数，表示参考图像和目标图像之间的像素实现双向映射

　　一方面，相应的标准真实着色是未知的，另一方面，网络不能使用真实的目标彩图作为参考进行训练，因为这实际上是在为网络提供它应该预测的颜色。因此，此网络利用双向映射函数来重建一个假参考 T'_{ab} 为标准色度符号，然后在训练阶段，将 T'_{ab} 图的位置扭曲为与 T_L 亮度图相同的位置。但是色度分支只适用于目标图与参考图相似的情况，为了让网络在没有适当参考图时也要实现正确着色，文献[7]添加了感知分支。感知分支则是采用了 Johnson 等[8]的感知损失函数，通过从预训练的 VGG-19 ReLU5-1 层提取的特征，来测量目标图与参考图的语义差异，这两个分支具有相同的网络和权重，但是使用两种不同的损失函数。

　　（1）色度损失：它使网络有选择性地传播相关区域或者像素的正确参考颜色，从而满足色度一致性。

　　（2）感知损失：实现高级特征之间色彩的紧密匹配，这样即使在参考图像中没有适当的匹配区域的情况下，也能确保从大规模的数据中学习如何适当地着色。

　　着色子网络同时学习了颜色化中的三个关键组件：着色样本的选择、颜色传播和主色预测。与传统的基于样本的着色相比[9, 10]，此网络的一个显著优势是参考图像的选择具有鲁棒性，即无论参考图与目标灰度图是否相似，它都可以提供合理的颜色候选。当参考图像在其语义内容中更类似于目标图像时，着色结果自然更忠实于参考图像。但当参考彩图与目标灰度图不太相关时，网络也可以通过大规模的数据来预测未对齐位置的主色，实验与比较结果如图 2.1-12 所示。

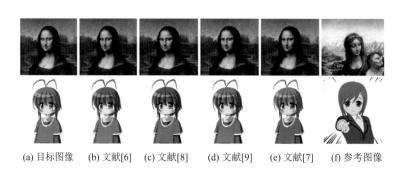

(a) 目标图像　(b) 文献[6]　(c) 文献[8]　(d) 文献[9]　(e) 文献[7]　(f) 参考图像

图 2.1-12　文献[7]的实验与比较结果

3. 基于 GAN 的色彩传递算法

　　随着 GAN 的兴起，许多学者也开始将 GAN 的生成工作应用到颜色的自动传播上。

由于 GAN 的主要目标是生成，因此它们把颜色的传播问题转换为将灰色图像生成为彩色图像的问题，2019 年 Thasarathan 等[11]通过改进文献[12]的 GAN 结构并引进序列生成来达到多序列颜色传播的效果。Zhang 等[13]提出的图像到图像的转换方法是利用生成对抗网络，在一定的输入条件下，通过最小化损失函数来学习从输入到目标图像的映射。而 Thasarathan 等[11]则是将其扩展到颜色传播的时间序列上色工作中。

文献[11]使用 U-Net 作为生成器的结构，并将前一帧的图像以及下一帧经过坎尼（Canny）边缘检测的线条图作为条件生成器的输入，框架如图 2.1-13 所示。生成器是由 2 个向下采样层和 8 个残差块组成的，以避免在使用基于 U-Net 的架构时出现瓶颈问题。另外，残差块减少了向下采样的需要，允许在训练过程中跳过层。一个简单的残差函数与一个直接将输入线条图映射到彩色帧的函数相比，后者的每一帧都是一个单独的图像。在调整两个映像时，内存需求使用更小的批处理大小。对于较小的批处理，相对于所有图像的空间和批处理维度，单独对空间维度进行归一化更有效，因此使用实例正则化代替批处理正则化。然后将残差块的输出向上采样到原始输入大小。此网络结构使用了三个损失函数，分别是对抗损失、内容损失、风格损失。对抗损失是常规 GAN 所使用的对抗函数，而内容损失以及风格损失则是参考了 Gatys 等[14]的风格转移所使用的损失函数，通过最小化 VGG-19 中间层生成的特征图之间的曼哈顿距离来实现，而风格损失则是通过最小化两个特征间的格拉姆矩阵来实现。

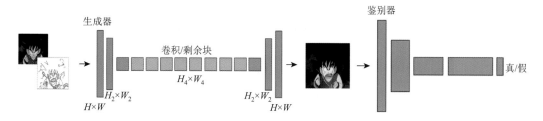

图 2.1-13　文献[11]提出的方法的框架

可以从图 2.1-14 中看出，Thasarathan 等[11]提出的方法大大提升了颜色传播的效果，线条艺术生成的框架不存在棋盘效果。内容和风格的丢失有助于学习纹理信息，同时减少不需要的纹理。从比较结果来看，Thasarathan 等[11]解决了颜色传播区域不正确以及去除棋盘效果的问题。此外，模型产生了连续的帧，变化较小，从而减少了最终视频中的闪烁。虽然闪烁效应仍然存在，但不像基线模型那样严重。

　　(a) 线条图　　　　　　　(b) 前人的方法　　(c) Thasarathan等[11]提出的方法

(d) 颜色传播的序列结果

图 2.1-14　Thasarathan 等[11]的方法的比较结果以及颜色传播的序列结果

2.2　纹　理　合　成

纹理合成指的是给定一小块纹理，生成大块相似纹理的方法，是为了解决纹理传递中存在的接缝走样等问题而提出的。纹理合成又分为过程纹理合成和基于样图的纹理合成。

2.2.1　纹理的定义

纹理是计算机图形学和真实感绘制领域经常用到的概念。一般认为，反映任何物体表面的表现都可看作纹理。在计算机图形学和图像处理领域，人们通常将组成纹理的基本单元称为纹理基本单元或纹元（texel）[15]。纹元的基本组成单位是像素，纹理指代的是图像中包含某一种特别属性的类型，是一种随机过程的实现。这一实现是局部的、稳定的。图 2.2-1 中直观显示了普通图像与纹理图像的比较。

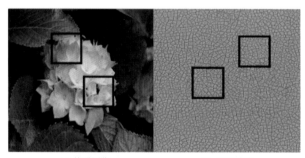

(a) 普通图像　　　　　　　　　(b) 纹理图像

图 2.2-1　普通图像和纹理图像的比较

尽管关于纹理的定义尚未统一，但人们对纹理信息所具有的以下特征达成共识。

（1）纹元是纹理存在的基本元素，并且一定是按照某种规律排列组合形成纹理。

（2）纹理信息具有局部显著性，通常可以表现为纹元序列在一定的局部空间重复出现。

（3）纹理有周期性、方向性、密度、强度和粗糙程度等基本特征，而与人类视觉特征相一致的周期性、粗糙程度和方向性也更多地被用于进行纹理分类。

（4）纹理区域内大致是均匀的统一体，都有大致相同的结构。

纹理的分类有很多种，根据纹理定义域的不同，纹理可以分为二维纹理和三维纹理；根据纹理的表现形式不同，纹理可以分为结构型纹理和随机型纹理；根据形成方式不同，纹理可以分为自然纹理、人工纹理和混合纹理。

2.2.2　基于样图的纹理合成

1. 基于样图的纹理合成简述

基于样图的纹理合成（texture synthesis from samples，TSFS）技术是继纹理映射、过程纹理合成方法之后发展起来的一种新的纹理合成技术。它基于给定的小区域纹理样本，按照物体表面的几何形状，拼合生成任意大小的纹理图像，它在视觉上是相似而连续的。TSFS 技术可以克服传统纹理映射方法的缺点，又避免了过程纹理合成调整参数的烦琐，在图像编辑、缺损图像的填充、数据压缩、网络数据的快速传输、大规模场景的生成以及真实感和非真实感图像的绘制等方面都显示出广泛的应用前景。

TSFS 技术始终在合成效果和合成速度上寻求进步。1999 年，Efros 和 Leung[16]提出了经典的点匹配算法，采用马尔可夫随机场（Markov random fields，MRF）模型进行纹理合成，MRF 模型认为纹理具有局部统计特征，即纹理中的任一部分都可以由其周围部分（即邻域）完全决定，这是对纹理的一种比较客观的认识，对于大多数纹理，MRF 模型能够很好地描述纹理的特征，提升了样图纹理合成的质量，但是由于每合成一个像素都要搜索一遍样本图，比较所有像素的邻域运算量较大，算法的速度较慢。为了提高合成速度，Wei 和 Levoy[17]提出了改进算法，将正方形邻域改为 L 形邻域并采用多尺度模型进行匹配，利用树结构矢量量化方法极大地加速了合成过程。Ashikhmin[18]提出的邻域限定合成算法放弃了穷尽搜索，根据图像的局部相关性，首先寻找待合成像素 P 的 L 形邻域中像素 A 在输入图像中的合成点 A'，然后根据点 A 相对于点 P 的位移来得到点 P 的一个候选点 A''，重复上述过程就可以得到待合成像素 P 的所有候选点，在进行邻域匹配时仅对这些点进行计算，从而大大减少了运算量，提升了纹理合成速度。2001 年，Efros 和 Freeman[19]及 Liang 等[20]独立提出了基于块合成的方法，成为基于样图纹理合成的重要里程碑。算法每次合成一个方形的区域，通过寻找最佳匹配块和按最佳缝合线拼接最佳匹配块来产生新的纹理，避免了点合成过程中的模糊效果，对纹理结构保持得较好，算法简单且合成速度有较大的提升，但会出现纹理块的重复效应，有时边界不匹配。Cohen 等[21]提出的算法引入了计算理论中的王氏砖（Wang tile）理论，利用合成的一组王氏砖来进行一系列简单的拼接，从而产生非周期性纹理。该算法的合成速度和合成效果相对以前的算法有了明显的提高。王一平等[22]深入分析了块的形状、大小以及相邻块间重叠区域等参数对合成效率的影响，并基于纹理的特征及其变化的周期和重叠区域的约束性等给出了自适应优化这些参数的方法，提高了纹理合成的效率。陈昕和王文成[23]提出了一种基于复用计算的纹理合成方法，逐步利用已合成的部分纹理来生成更大的纹理块，该方法可节省大量耗时的纹理块选择及缝合计算，提高了合成效率。邹昆等[24]提出一种带边界匹配的基于图切割（graph cut）的快速纹理合成算法，通过将纹理样本以不同的位移贴到输出图中完成合成，通过预处理计算相同样本在所有相对位移下的匹配误差，选取一部分误差最小的位移组成"优选位移"集合，合成过程中的块间相对位移仅从此集合中选取，大大地提高了合成速度。此外，随着图形加速硬件的快速发展，研究者相继提出了一些并行化的纹理合成方法，以利用图形处理单元（graphics processing unit，GPU）的并行计算能力。2005 年，Lefebvre 和 Hoppe[25]提出并行可控纹理合成方法，将串行的约束关系转换为图像金字塔各层间的约束关系，由此可逐步求精地利用 GPU 进行并行计算，以获得很高的合成速度。2008 年提出的多尺度纹理合成方法[26]，以文献[27]的工作为基础，可实现多尺度纹理的合成。

2. 图像缝合算法

图像缝合算法[19]是 Efros 和 Freeman 在 2001 年的 SIGGRAPH 会议上提出的一种基于块拼接的纹理合成算法，每次合成一个区域，极大地加速了纹理合成的速度。

为了方便起见，我们先将用到的符号及其含义在表 2.2-1 中进行说明。

表 2.2-1　算法描述所用符号及其含义

符号	含义
blockWidth（bW）	合成纹理块宽度
blockHeight（bH）	合成纹理块高度
overlapWidth（oW）	重叠区宽度
overlapRatio（oR）	重叠区占纹理块的比例
sampleWidth（sW）	纹理样本图宽度
sampleHeight（sH）	纹理样本图高度
targetWidth（tW）	目标纹理图像宽度
targetHeight（tH）	目标纹理图像高度
blockNum（bN）	纹理块个数
candidateblockNum（cBN）	候选合成块的个数
Tolerance	容忍误差
Error	重叠区域误差

图像缝合算法的主要步骤如下。

（1）在输入的纹理样本图中任取一块合成纹理块 B_1，放在目标纹理图中，然后在纹理样本图中查找新的一块 B_2，查找方法如下。

①按照扫描线顺序，在纹理样本图中移动合成纹理块的左上角的位置，即从纹理样本图的（0, 0）坐标开始，按照扫描线顺序把每一个点作为合成纹理块的左上角顶点，遍历纹理样本图。

②对每个合成纹理块，按照重叠区宽度 overlapWidth 分别找到合成纹理块和已经合成好的目标图的重叠区，在已合成好的块中的重叠区记为 B_1^{ov}，在当前找到的纹理块中的重叠区记为 B_2^{ov}，计算重叠区域误差 Error，用重叠区内对应像素的颜色差值平方和（sum of squared differences，SSD）来度量该误差，计算公式为

$$\text{Error} = \sum_{i,j \in \text{overlapWidth}} \left[\left(R_{1_{ij}}^{ov} - R_{2_{ij}}^{ov} \right)^2 + \left(G_{1_{ij}}^{ov} - G_{2_{ij}}^{ov} \right)^2 + \left(B_{1_{ij}}^{ov} - B_{2_{ij}}^{ov} \right)^2 \right] \tag{2.2-1}$$

式中，$R_{1_{ij}}^{ov}$、$G_{1_{ij}}^{ov}$ 和 $B_{1_{ij}}^{ov}$ 是 B_1^{ov} 内对应像素的 RGB 颜色值；$R_{2_{ij}}^{ov}$、$G_{2_{ij}}^{ov}$ 和 $B_{2_{ij}}^{ov}$ 是 B_2^{ov} 内对应像素的 RGB 颜色值。

重叠区有如图 2.2-2（a）、图 2.2-2（c）和图 2.2-2（e）的粗黑线框中所示的三种，分别为垂直、水平和 L 形重叠区域，图中白色区域是已经合成好的块，灰色块为新找到的块。

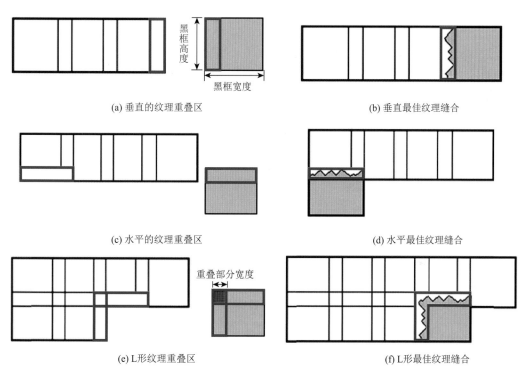

(a) 垂直的纹理重叠区　　　　　　　　　　　(b) 垂直最佳纹理缝合

(c) 水平的纹理重叠区　　　　　　　　　　　(d) 水平最佳纹理缝合

(e) L形纹理重叠区　　　　　　　　　　　(f) L形最佳纹理缝合

图 2.2-2　图像缝合算法中的重叠区域和缝合线

③找出重叠区域误差在误差容忍度 Tolerance 范围内的合成纹理块的集合，然后随机在该集合中挑选一个合成纹理块作为新找到的最优纹理块 B_2。

（2）将 B_2 放在目标纹理图像中，与已合成的纹理块进行拼接，即寻找其与已合成纹理块之间的最佳缝合线，如图 2.2-2（b）、图 2.2-2（d）和图 2.2-2（f）所示，共有三种拼接种类。

最佳缝合线用 Dijkstra 的最短路径算法得到，其步骤如下。

首先计算重叠区中 B_1^{ov} 和 B_2^{ov} 对应像素的颜色平方误差 e_{ij}，如式（2.2-2）所示：

$$e_{ij} = \left(R_{1_{ij}}^{\mathrm{ov}} - R_{2_{ij}}^{\mathrm{ov}}\right)^2 + \left(G_{1_{ij}}^{\mathrm{ov}} - G_{2_{ij}}^{\mathrm{ov}}\right)^2 + \left(B_{1_{ij}}^{\mathrm{ov}} - B_{2_{ij}}^{\mathrm{ov}}\right)^2 \qquad （2.2\text{-}2）$$

然后计算新找到的合成纹理块与已合成块重叠区中每一点的累积最小误差 E_{ij}，计算方法如下。

① 对于垂直的纹理重叠区：

$$E_{ij} = \begin{cases} e_{ij}, & i = 1 \\ e_{ij} + \min(E_{i-1,j-1}, E_{i-1,j}, E_{i-1,j+1}), & i > 1 \end{cases} \qquad （2.2\text{-}3）$$

② 对于水平的纹理重叠区：

$$E_{ij} = \begin{cases} e_{ij}, & j = 1 \\ e_{ij} + \min(E_{i-1,j-1}, E_{i,j-1}, E_{i+1,j-1}), & j > 1 \end{cases} \qquad （2.2\text{-}4）$$

③ 对于 L 形重叠区：分别将垂直和水平的纹理重叠区各计算一次。

对于垂直方向的重叠区，取最后一行累积误差最小的点，它就是最佳缝合线在最后一行上的点，设其坐标为 (m, j)，在倒数第二行中找到 $E_{m-1,j-1}$、$E_{m-1,j}$ 和 $E_{m-1,j+1}$ 三个累积误差值，从中找到最小的累积误差点，该点就是最佳缝合线在倒数第二行上的点，以此类推，从最后一行反向跟踪累积误差值，最终获得整条最佳路径，如图 2.2-3 所示。水平方向的重叠区寻找最佳缝合线的方法与此类似，L 形重叠区的垂直和水平两条缝合线会在中间相遇，选取相遇之前的两段路径作为分割路径。

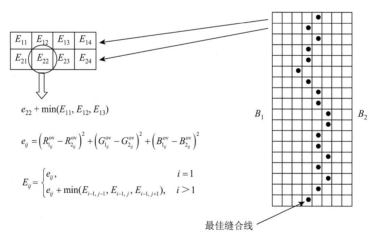

图 2.2-3　最佳缝合线示意图

（3）把找到的最佳缝合线当成新的纹理边界，将 B_2 放在目标纹理图中，按最佳缝合线进行拼合。

（4）重复以上步骤直至目标纹理图全部被合成纹理块覆盖。

从上述算法描述可以看出，由于存在对纹理样本图的遍历，选择最优纹理块是非常耗时的过程。重叠区误差的计算量非常大，重叠区内每两个对应像素需要做三次乘法、五次加减法运算，且存在计算冗余部分，如图 2.2-2（e）中深灰色部分在合成过程中被计算多次。所以努力减少重叠区误差计算量、去除冗余计算是提高纹理合成速度的有效途径。

2.2.3　纹理合成加速算法

1. 按行合成算法

对于图像缝合算法中如图 2.2-2（e）所示的 L 形重叠区中的深灰色区域，在其上方纹理块和左方纹理块合成时各计算过一次误差，在本次合成时又被计算一次，造成了冗余计算，再加上寻找最佳缝合线时也需要分别计算垂直缝合线和水平缝合线后求交，这在一定程度上也存在冗余计算，因此本章提出了按行合成的算法，避免了 L 形重叠区的重复计算。按行合成算法同样存在三种重叠区域：垂直、水平和 r 形重叠区，其中垂直和水平重叠区和图像缝合算法中相同，r 形重叠区如图 2.2-4 中的粗蓝线区域所示，r 形重叠区出现在目标纹理图非第一行和非第一列的最优纹理块选择中。

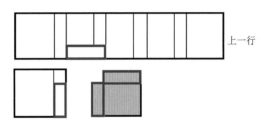

图 2.2-4　按行合成算法中的 r 形重叠区域

按行合成算法的基本思想如下。

（1）按照图像缝合算法中垂直重叠区纹理块拼接的方式合成目标纹理图的第一行。

（2）从合成第二行纹理开始，寻找最佳纹理块时，除第一块的寻找与图像缝合算法相同，其余块的寻找均按照图 2.2-4 中所示的 r 形重叠区进行误差计算。

（3）在一行纹理的范围内寻找水平最佳缝合线，并按该缝合线将两行纹理进行纹理拼接。

按行合成算法在进行纹理块缝合时只有两种拼接类型，如图 2.2-5 所示。

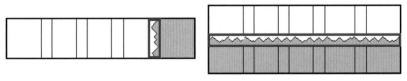

(a) 按行合成的垂直最佳纹理缝合　　　　　　(b) 按行合成的水平最佳纹理缝合

图 2.2-5　按行合成中两种拼接方式

（4）重复步骤（2）、（3），直至目标纹理图全部被合成纹理块覆盖。

从前面的分析可以看出，图像缝合纹理合成算法最耗时的是寻找最佳纹理块的过程，在计算重叠区误差和最佳缝合线时存在计算冗余。按行合成算法对此进行了改进，从图 2.2-4 可以看出，r 形重叠区域中的垂直重叠区和水平重叠区不再有重合部分，图中左上角部分的像素只在前一块最佳纹理块选择时被用来计算重叠区误差，在本次最佳纹理块选择时，不再参与重叠区误差计算，消除了计算冗余，这在一定程度上提高了合成速度。

下面分析按行合成算法相对于图像缝合算法合成速度的提升率。

两种算法均具有垂直重叠区和水平重叠区，垂直重叠区出现在目标纹理图的第一行，水平重叠区出现在目标纹理图的第一列，其余位置是 L 形重叠区或 r 形重叠区。在分析合成速度提升率时，不考虑两种方法都有的垂直重叠区和水平重叠区的计算量，只考虑 L 形重叠区和 r 形重叠区的计算量。从图 2.2-2（e）和图 2.2-4 可以看出，L 形重叠区比 r 形重叠区多计算了一次左上角深灰色区域，本节用 L 形重叠区与 r 形重叠区参与计算误差的像素点个数差来近似衡量合成速度提升率，用下式进行近似计算：

$$\text{ratio} = \frac{\text{LS\_pixels} - \text{rS\_pixels}}{\text{LS\_pixels}} \tag{2.2-5}$$

式中，LS_pixels 代表 L 形重叠区的像素个数；rS_pixels 代表 r 形重叠区的像素个数；ratio 代表按行合成算法比图像缝合算法合成速度的提升率。

把表 2.2-1 的相关变量代入式（2.2-5）对其进行化简：

$$\text{ratio} = \frac{\text{overlapWidth} \times \text{overlapWidth}}{(\text{blockWidth} + \text{blockHeight}) \times \text{overlapWidth} - \text{overlapWidth} \times \text{overlapWidth}} \tag{2.2-6}$$

设纹理样本图、合成纹理块和目标纹理图都是正方形的，overlapWidth 与合成纹理块边长的比为 1：n，即重叠区宽度占合成纹理块边长的 $1/n$，可以得到

$$\text{ratio}_n = \frac{1}{2n-1} \tag{2.2-7}$$

从式（2.2-7）可以看出，ratio_n 与重叠区占合成纹理块的比例有密切关系，ratio_n 将随重叠区占合成纹理块比例的增大而提高。

设 $n=3$，可以计算出按行合成的速度提升率为

$$\text{ratio}_3 = \frac{1}{2\times3-1} = \frac{1}{5} = 20\%$$

若 $n=6$，则有

$$\text{ratio}_6 = \frac{1}{2\times6-1} = \frac{1}{11} \approx 9.09\%$$

与按块合成的图像缝合算法不同，按行合成的算法是先合成一行纹理后，再和前一行纹理进行纹理拼接。水平最佳缝合线的搜索范围从图像缝合算法中的一个合成纹理块扩展到一行合成纹理块，在和前一行已合成好的行纹理的重叠区中进行最佳缝合线的寻找，再按最佳缝合线进行两行的拼接，扩大了水平方向最佳缝合线的搜索范围，这种较大范围内的搜索有利于提高纹理合成的质量，使缝合线在一行纹理上具有全局最优的特性，以保证并提高合成效果。

由按行合成算法的原理可发现，在选择每一个最佳纹理块的过程中，需要对纹理样本图中每一个点（其 x 坐标小于 sampleWidth − blockWidth，y 坐标小于 sampleHeight − blockHeight）为起点的合成纹理块进行遍历，以得到候选纹理块，这些候选纹理块再和已合成好的纹理进行重叠区误差计算后选出最佳纹理块。每个候选纹理块和已合成好的纹理进行重叠区误差计算的过程彼此独立、互不影响，可以同时计算，可将其分解为并

行遍历的过程，设计并行计算的算法，即在同一时刻可以同时对两个、四个甚至多个合成纹理块进行重叠区误差计算，缩短寻找最佳纹理块的时间。目前绝大部分计算机中央处理器（central processing unit，CPU）都是双核甚至四核的，还可使用图形硬件加速设备，如 GPU 等来实现以上过程。本节把候选纹理块的遍历过程分解为两个并行过程，借助双核 CPU 来并行计算，提高了合成速度。

2. 基于积分图像和 FFT 的纹理合成加速算法

积分图像（integral image）理论由 Viola 和 Jones 于 2001 年提出[27]。积分图中任意一点 (i, j) 的值 $ii(i, j)$ 表示了如图 2.2-6（a）所示的原图像阴影区域灰度值或灰度值平方的总和，即

$$ii(i, j) = \sum_{i' \leq i, j' \leq j} p(i', j') \tag{2.2-8}$$

式中，$p(i', j')$ 表示原图像中 (i', j') 点的灰度值或灰度值的平方。

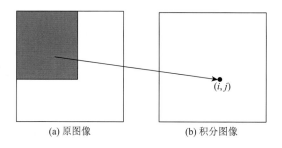

(a) 原图像　　(b) 积分图像

图 2.2-6　原图像和积分图像

$ii(i, j)$ 的值可按以下 4 种情况进行计算。

（1）当 $i = 0$, $j = 0$ 时：

$$s(i, j) = p(i, j) \tag{2.2-9}$$
$$ii(i, j) = s(i, j) \tag{2.2-10}$$

式中，$s(i, j)$ 是计算过程中的一个中间变量。

（2）当 $i > 0$, $j = 0$ 时：

$$s(i, j) = p(i, j) \tag{2.2-11}$$
$$ii(i, j) = ii(i-1, j) + s(i, j) \tag{2.2-12}$$

（3）当 $i = 0$, $j > 0$ 时：

$$s(i, j) = s(i, j-1) + p(i, j) \tag{2.2-13}$$
$$ii(i, j) = s(i, j) \tag{2.2-14}$$

（4）当 $i > 0$, $j > 0$ 时：

$$s(i, j) = s(i, j-1) + p(i, j) \tag{2.2-15}$$
$$ii(i, j) = ii(i-1, j) + s(i, j) \tag{2.2-16}$$

在计算一幅图像所对应的积分图像时，只需按上述公式将原图像遍历一遍即可。如果要计算原始图像中一定区域内所有像素值之和，如图 2.2-7 所示的绿色区域，可用

式（2.2-17）计算得出：

$$\varSigma = A - B - C + D \tag{2.2-17}$$

式中，A、B、C 和 D 是图 2.2-7 中绿色区域四个顶点处的积分图数值。

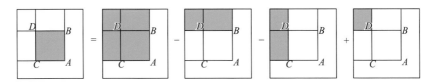

图 2.2-7　利用积分图像求绿色区域内像素值之和

由此可以看出，积分图像作为一种中间图像，在求一定区域内所有像素值的和（或平方和）时，速度非常快，因为它只用 3 次加减运算便可完成所有像素值的求和过程，大大降低了计算复杂度。

在数字信号处理中[28]，常常需要计算两个有限长序列的线性卷积。设 $x_1(n)$、$x_2(n)$ 分别是长度为 N_1 和 N_2 的有限长序列，为了保证线性卷积的有效性，首先对它们进行补零，使其长度为 $L = N_1 + N_2 - 1$，然后计算卷积：

$$y(n) = x_1(n) * x_2(n) = \sum_{m=0}^{L-1} x_1(m) x_2(n-m) \tag{2.2-18}$$

直接计算以上卷积所需乘法次数为

$$m_d = N_1 \cdot N_2 \tag{2.2-19}$$

当 N_1 和 N_2 比较大时，直接计算卷积需要花费较长时间。这时，直接卷积可以借助快速傅里叶变换（fast Fourier transform，FFT）到频域完成，分为以下几个步骤。

（1）求 $X_1(k) = \mathrm{DFT}[x_1(n)]$。

（2）求 $X_2(k) = \mathrm{DFT}[x_2(n)]$。

（3）计算 $Y(k) = X_1(k) \cdot X_2(k)$。

（4）求 $y(n) = \mathrm{IDFT}[Y(k)]$。

现在分析频域求卷积的运算量。设补零后的序列长度 L 是以 2 为基数的整数幂，则上述过程需要进行 3 次 FFT 运算，第三个步骤需要 L 次乘法，因此总共需要的乘法次数为

$$m_f = \frac{3}{2} L \log_2 L + L \tag{2.2-20}$$

比较直接求卷积和 FFT 求卷积的运算量。设 $N_1 = N_2$，$L = 2N_1 - 1 \approx 2N_1$，举几个实际的数字做比较。

（1）$N_1 = 8$，则 $m_f = 112$，$m_d = 64$；FFT 求卷积工作量均为直接卷积工作量的两倍。

（2）$N_1 = 16$，则 $m_f = 272$，$m_d = 256$；FFT 求卷积比直接卷积工作量略大。

（3）$N_1 = 256$，则 $m_f = 7424$，$m_d = 65536$；FFT 求卷积的运算量约为直接卷积的1/9。

（4）$N_1 = 1024$，则 $m_f = 35840$，$m_d = 1048576$；FFT 求卷积的运算量约为直接卷积的 1/29。

由此可见，N_1 越大，FFT 求卷积的优越性越大，因此，用 FFT 求卷积的方法被称为快速卷积。

由前面介绍的图像缝合算法可知，该算法的运算时间主要花费在计算 SSD 误差的环节上。SSD 误差计算公式可以等价表示为

$$\text{Error} = \sum \left(B_1^{\text{ov}} - B_2^{\text{ov}} \right)^2 = \sum \left(B_1^{\text{ov}2} \right) + \sum \left(B_2^{\text{ov}2} \right) - 2\sum B_1^{\text{ov}} \cdot B_2^{\text{ov}} \tag{2.2-21}$$

式（2.2-21）中的第 1 项误差来自已合成好的纹理区域，它与每一个候选纹理块无关，在整个寻找最佳纹理块的过程中不变，所以可以把它去掉，误差公式只保留后两项：

$$\text{Error\_new} = \sum \left(B_2^{\text{ov}2} \right) - 2\sum B_1^{\text{ov}} \cdot B_2^{\text{ov}} \tag{2.2-22}$$

式（2.2-22）中的第 1 项是候选合成块位于重叠区域内的每个像素值的平方和，称为平方和误差，第 2 项是候选合成块和已合成纹理图重叠区中每对对应像素的点乘和，称为点乘和误差。

接下来讨论如何对上述两项误差项进行加速计算。

对于式（2.2-22）中的第 1 项，如果知道候选合成块的位置和重叠区的形状，就可以通过积分图像的方法把该项误差计算出来。

通过对图像缝合算法的分析，候选合成块是通过对纹理样本图按合成块大小进行遍历后得到的，也就是说，对于每一个待合成块，用来挑选最佳纹理块的候选合成块集合是同一个。待合成块在目标纹理图中的位置有三种：第 1 行、第 1 列和其他。如前面提到的，第 1 行对应垂直重叠区，第 1 列对应水平重叠区，其他位置对应 L 形重叠区，如图 2.2-8 所示。每个候选合成块都有可能出现在目标纹理图的第 1 行、第 1 列或其他位置。因此，当纹理合成参数设定好后，可以先计算每一个候选合成块相对于三种不同形状的重叠区的平方和误差，这样对于整个候选合成块集合，就构建了三张平方和误差表，它们分别为候选合成块集合对应垂直重叠区、水平重叠区和 L 形重叠区的平方和误差表。这三张表做好后，在后续纹理合成时，根据候选合成块的位置和重叠区形状就可找到对应的平方和误差，把原来平方和的乘加运算改为查表运算，可大大节约运算时间。

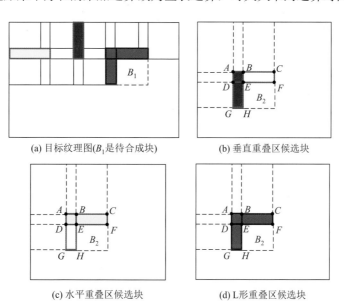

(a) 目标纹理图(B_1是待合成块)　　　　(b) 垂直重叠区候选块

(c) 水平重叠区候选块　　　　(d) L形重叠区候选块

图 2.2-8　纹理合成中的待合成块和候选合成块及重叠区

在计算上述平方和误差表时，可以利用积分图像加速计算。下面对垂直重叠区误差、水平重叠区误差和 L 形重叠区误差的计算方法进行介绍。

首先，在确定了纹理样本图后，计算该图每个像素点的平方值 Sample_Square，用式（2.2-9）～式（2.2-16）计算纹理样本图的积分图像 Sample_ii 并保存。

其次，根据纹理样本图的情况设定合适的合成参数，如合成块的大小、重叠区占合成块的比例、目标纹理图的大小等，为了方便算法描述又不失一般性，设纹理样本图、合成块和目标纹理图均为正方形。

设候选合成块的数目为 cBN，它可通过式（2.2-23）计算得到

$$cBN = (sampleWidth - blockWidth + 1)^2 \tag{2.2-23}$$

（1）垂直重叠区。如图 2.2-8（a）和图 2.2-8（b）所示，候选合成块用于合成目标纹理图的第 1 行，这时候选合成块的重叠区为垂直的，它的四个角点为 A、B、H 和 G。根据合成参数和候选合成块在纹理样本图中的位置，可以计算出这四个角点的坐标，对照图 2.2-7 所示的积分图像求像素值之和的方法，可以为每一个候选合成块计算出垂直平方和误差，并存放到表 squareError_Vert 中：

$$squareError\_Vert = H - G - B + A \tag{2.2-24}$$

（2）水平重叠区。如图 2.2-8（a）和图 2.2-8（c）所示，候选合成块用于合成目标纹理图的第 1 列，这时候选合成块的重叠区为水平的，它的四个角点为 A、C、F 和 D。根据合成参数和候选合成块在纹理样本图中的位置，可以计算出这四个角点的坐标，对照图 2.2-7 所示的积分图像求像素值之和的方法，可以为每一个候选合成块计算出水平平方和误差，并存放到表 squareError_Hori 中：

$$squareError\_Hori = F - D - C + A \tag{2.2-25}$$

（3）L 形重叠区。如图 2.2-8（a）和图 2.2-8（d）所示，候选合成块用于合成目标纹理图的其他位置，这时候选合成块的重叠区为 L 形的。L 形平方和误差的计算按图 2.2-9 所示的步骤来进行，这样只需利用 A、B、E、D 四个角点计算小正方形（$ABED$）的平方和误差，而垂直重叠区（$ABHG$）和水平重叠区（$ACFD$）的平方和误差已经在前面计算过了。把计算出的 L 形平方和误差存放到表 squareError_L 中：

$$squareError\_L = squareError\_Hori$$
$$+ squareError\_Vert - (E - D - B + A) \tag{2.2-26}$$

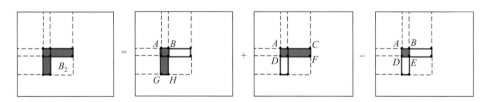

图 2.2-9　L 形重叠区平方和误差表的计算

这样，在合成参数设定好后，就可以预先计算好每个候选合成块相对于三种重叠区的平方和误差，在后续纹理合成时，可以直接查表得到该误差，节省算法的运行时间。

对于式（2.2-22）中的第 2 项，由于涉及纹理样本图和当前待合成块的点乘和运算，

所以不能事先计算出来，必须在合成过程中计算。分析其计算过程可发现，寻找最优纹理块的过程类似于待合成块在纹理样本图中按合成块大小对纹理样本图进行相关运算，而相关运算在对运算量反转后可以用卷积运算来实现。根据前面的分析，当参与卷积运算的离散点数目较大时，可以采用 FFT 加速卷积运算。所以在求点乘和误差时，可以利用 FFT 加速计算过程。

（1）构造卷积模板。首先根据待合成块在目标纹理图中的位置，确定其重叠区的形状，按合成块尺寸构造卷积模板。该卷积模板重叠区部分的像素值为已经合成的像素值，重叠区以外的像素值赋为 0。有三类模板：垂直模板、水平模板和 L 形模板，如图 2.2-10 所示。

　　　　(a) 垂直模板　　　　　　　(b) 水平模板　　　　　　　(c) L形模板

图 2.2-10　由待合成块构造卷积模板

（2）反转卷积模板。在用卷积计算相关时，需要对卷积模板进行反转后再卷积，这样才等价于求相关。图 2.2-11 是反转后的卷积模板。

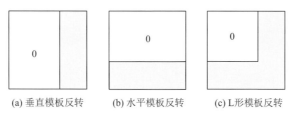

　　　(a) 垂直模板反转　　　　　(b) 水平模板反转　　　　　(c) L形模板反转

图 2.2-11　卷积模板的反转

（3）扩展卷积模板的尺寸至纹理样本图的尺寸。为了用 FFT 加速卷积运算，需要对卷积模板的尺寸进行扩展，让它和纹理样本图的尺寸一样，当把纹理样本图和卷积模板进行二维傅里叶变换后，两者得到的点数才一样，就可在频域进行点乘运算了。图 2.2-12 是扩展后的卷积模板，扩展出的像素点的值设定为 0。

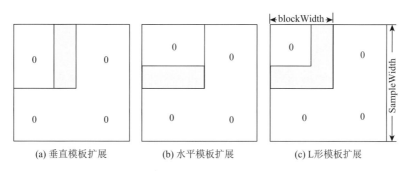

　　　(a) 垂直模板扩展　　　　　(b) 水平模板扩展　　　　　(c) L形模板扩展

图 2.2-12　卷积模板的补零

（4）对卷积模板和纹理样本图运用卷积定理进行计算。时域卷积定理[28]指出，时域的卷积运算在频域等价于乘法运算，所以上述卷积过程可以在频域完成。分别对纹理样本图和扩展后的卷积模板进行二维 FFT 运算，得到它们的频域信号，在频域进行乘法计算后再做二维快速傅里叶逆变换（inverse fast Fourier transform，IFFT），就得到两者卷积的结果了。从卷积结果矩阵中截出原始卷积模板与纹理样本图完全重合时得到的卷积值子矩阵，该矩阵保存的结果正是当前合成过程中，所有候选合成块与已合成好的纹理图在重叠区内对应像素的点乘和误差。

$$\text{dot\_multiplying\_Error} = \text{IFFT}[\text{FFT}(\text{sampleImage}) \cdot \text{FFT}(\text{templeteImage})] \quad (2.2\text{-}27)$$

式中，dot_multiplying_Error 表示点乘和误差；sampleImage 表示候选合成块；templeteImage 表示合成好的纹理图；IFFT 表示快速傅里叶逆变换；FFT 表示快速傅里叶变换。有了该点乘和误差后，再加上用积分图像算出的平方和误差，就可对当前待合成块计算所有候选合成块在重叠区的误差，从中找出符合误差条件的候选合成块后，再随机选出一块放置到当前待合成块的位置上，对重叠区域进行最佳缝合线的寻找，按缝合线进行拼接，完成当前待合成块的合成。

接下来分析以上加速方法的合成速度提升情况。

为了方便讨论，假设纹理样本图、合成块、目标纹理图是正方形的，合成时间从合成参数设定好后开始计算，合成的运算次数也只考虑合成参数设定好后开始合成的运算次数，在之前发生的运算都理解为预处理过程。设合成参数 overlapRatio $= p$，意思是重叠区占合成纹理块的 $1/p$。

因为图像缝合算法最花费时间的地方在 SSD 误差的计算环节，最佳缝合线寻找环节花费的时间较少，所以主要从 SSD 误差计算量来分析合成速度的提升率。

（1）直接用 SSD 误差公式计算误差。如式（2.2-1）所示，SSD 误差计算包括平方运算、求和运算。下面计算一个最佳纹理块在搜寻过程中的计算量。

式（2.2-23）给出了计算候选合成块数目的公式，每个候选合成块都要和待合成块在重叠区计算误差，根据式（2.2-21），误差计算主要为乘法和加减法运算。因乘法花费时间较多，所以只计算乘法的次数，同时为了方便，只考虑一个颜色通道的计算量。因 L 形重叠区比水平和垂直重叠区大，所以计算量按 L 形重叠区计算。

设直接用 SSD 误差公式计算误差的乘法次数为 k_d，则

$$k_d = [2 \times (\text{blockWidth} \times \text{overlapWidth}) - \text{overlapWidth}^2] \times \text{cBN} \quad (2.2\text{-}28)$$

把 overlapRatio $= p$ 代入式（2.2-28），得

$$k_d = \frac{2p-1}{p^2}\text{blockWidth}^2 \times \text{cBN} \quad (2.2\text{-}29)$$

（2）用积分图像和 FFT 加速 SSD 误差计算。该方法的运算量主要来自三个方面：积分图计算、平方和误差计算、点乘和误差计算。下面逐一分析它们的计算量。

①积分图计算。该过程在选择纹理样本图后就可进行，可理解为合成的预处理环节，先计算纹理样本图中每个像素点的平方值，然后用式（2.2-9）～式（2.2-16）计算得到积分图像，该过程主要通过增量公式由加减法计算得到，所以花费的时间非常短。运算的主要开销来自像素平方值的计算，需 sampleWidth^2 次乘法，但因为这个过程在合成参数

设定前就可以做，所以不计入合成时间的计算。

②平方和误差计算。该过程在设定好合成参数后就开始进行，在逐一搜寻最佳合成块之前完成。因为事先已经计算好了积分图像，所以本过程主要是对所有候选合成块构建三种重叠区域的平方和误差表，由图 2.2-8（b）、图 2.2-8（c）和图 2.2-8（d）以及式（2.2-24）、式（2.2-25）和式（2.2-26）可以看出，每个候选合成块对于垂直和水平重叠区需要做 3 次加减法，对 L 形重叠区需要做 5 次加减法，整个构建过程只有加减运算，没有乘法运算。设平方和误差计算需要的加减次数为 k_s，按最大的 L 形重叠区加减法次数计算，则

$$k_s = 5 \times cBN \tag{2.2-30}$$

但因为它是加减法的计算次数，所以该过程非常快，可以在整个合成时间中忽略不计。

③点乘和误差计算。该过程在每个最佳纹理块寻找过程中都要先计算出来，用 FFT 加速卷积方法来计算。主要包括对纹理样本图和扩展后的合成纹理块进行 FFT，对频域相乘后的结果再进行 IFFT 回到时域，所以共 3 次 FFT 和 1 次对应点乘法。而在实际中，对纹理样本图的 FFT 运算可以放到选好纹理样本块后就进行，该过程也可理解为一个预处理过程，可以不计入合成时间的计算中。这样只有 2 次 FFT 和 1 次对应点乘需要计算。设进行 FFT 的离散点有 N 个，则一次 FFT 运算的复杂度为 $O(N \log_2 N)$ [28]。在本节中，进行 FFT 运算的是二维图片，所以进行的是二维 FFT，参与计算的离散点有 N^2 个，N 是 2 的幂次方，加上频域的乘法运算，FFT 快速卷积部分的乘法次数为 $2N^2 \log_2 N + N^2$。

假设一组实际参数为

$$sampleWidth = 128, \quad blockWidth = 45, \quad overlapRatio = 3$$

则直接计算 SSD 的乘法次数为 $\frac{5}{9} \times 45^2 \times 84^2$，而积分图像和 FFT 加速法的乘法次数为 $2 \times 128^2 \log_2 128 + 128^2 = 15 \times 128^2$，新算法与老算法乘法次数比为 $1/32$，由此可以看出，新算法非常节省运算时间。

2.2.4　深度纹理合成算法

最近几年，基于深度学习的卷积神经网络在计算机视觉等领域取得了较好的应用，如在物体分类、图像识别、人脸识别以及图像分割等方面都取得了较好的效果。本节把基于深度学习的卷积神经网络应用到纹理合成算法中，在总结 Gatys 等[29]的算法的不足之后提出了基于卷积神经网络和边缘检测的纹理合成算法[30]，采用 VGG-16[31, 32]模型进行纹理合成训练。

VGG-16 模型是基于深度学习的网络模型，该模型已应用于人脸识别、图像分类等领域。文献[29]中使用 VGG-19 进行纹理合成训练，VGG 在加深网络层数的同时为了避免参数过多，在所有层都采用 3×3 的小卷积核，卷积层步长设置为 1。VGG 的输入设置为 224 像素×224 像素的 RGB 图像，在训练集上对所有图像计算红、绿、蓝（R、G、B）均值，然后把图像作为输入传入 VGG 卷积网络，使用 3×3 或者 1×1 的过滤器过滤，卷积步长固定为 1。VGG 全连接层有三层，激活函数整流线性单元（ReLU）用于隐藏层神经元输出，VGG 的整体结构如图 2.2-13 所示。

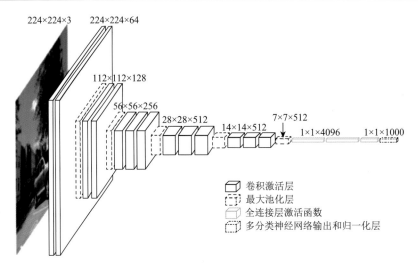

图 2.2-13　VGG 整体结构

合成纹理模型如图 2.2-14 所示，其中左侧为纹理特征图分析，源纹理样本输入卷积神经网络，并计算大量层上的特征响应矩阵。右侧为纹理合成，用白噪声初始化一个随机图像输入卷积神经网络，计算纹理模型中每层损失函数的贡献值为总损失函数。在每个像素值的总损失函数上计算梯度下降，生成与样本纹理相同的格拉姆矩阵，最后得到一个新图像。

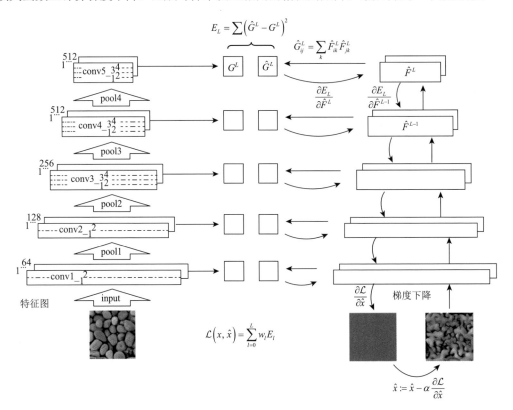

图 2.2-14　合成纹理模型

2.3　风　格　传　递

风格传递，也称为风格迁移，可以认为是图像特质的传递，例如，将表现绘画作品的艺术特质转移到另一幅图像，又如，将光影、颜色转移到另一幅图像等。本节主要介绍传统的风格传递算法和深度学习的风格传递算法。

2.3.1　传统的风格传递算法

传统的风格传递算法大多只利用了风格图的纹理、颜色等低层图像特征。例如，Guo等[33]提出了在摄影图像上生成绘画作品风格的算法，从风格图中提取具有代表性的纹理块作为绘画的基本元素完成风格化绘制。Winnemöller 等[34]提出了一种自动的、实时的视频和图像抽象算法，通过修改图像的亮度和颜色来抽象图像，采用高斯差分（difference of Gaussian，DoG）滤波器提取图像的线条，再将线条图融合到抽象化了的图像上，完成卡通画的风格化绘制。赵杨和徐丹[35]提出在照片上生成肖像绘画的算法，从肖像画中提取画笔笔画，这些笔画不仅包含了丰富的面部结构信息，也包含了艺术家的绘画笔触，然后从模板库中挑选合适的模板进行进一步绘制。Chen 等[36]提出了肖像光影传递算法，从人脸图像艺术光影绘画模板中挑选合适的模板，对图像人脸进行变形，将模板人脸的艺术光影转移到人脸图像上。Reinhard 等[1]提出一种全局的图像色彩传递的算法，将内容图的均值和方差线性变换到风格图，使内容图和风格图的均值、方差相似，从而将风格图的色彩传递到内容图。

针对各种画派，很多人提出了不同的风格纹理合成和转移算法，钱文华等[37]提出一种自动的、基于图像重要度的抽象艺术风格绘制方法；李杰等[38]结合云南绝版套刻的创作过程，提出一种自动化的基于刻痕的云南绝版套刻的数字模拟合成方法。

在油画风格化绘制研究方面，Hertzmann[39]提出使用不同大小和不同形状的笔刷对静态图像进行多层绘制的油画模拟算法。该算法通过模拟画家在绘制油画时的习惯，先用较大的笔刷进行绘制，然后根据想要表现的细节信息使用较小的笔刷分层进行绘制。之后，Hertzmann[40]进一步提出了基于能量最小化的方法来改进原有的绘制算法。该算法首先给定需要的风格，然后通过全局性优化来生成具有油画风格的绘制图像，在新的算法中给予用户更好的控制，从而针对图像的不同区域可以指定不同的绘制风格，以求达到更加理想的绘制效果。Guo 等[33]提出一个基于样本的凡·高油画风格绘制系统，通过从样本图像中抽取能够代表凡·高绘画风格的笔刷纹理和纹理块作为绘画基本元素来完成凡·高油画风格绘制。该方法首先将照片用图像分割算法分为几个主要区域，利用纹理块合成背景层，然后从笔刷库中选取合适的笔刷进行进一步的绘制。赵杨和徐丹[35]运用流体模拟技术对凡·高后期油画风格进行了模拟，他们将流体线条参考图颜色梯度的法线方向作为画笔方向，对原图进行多层绘制，同时采用改进的多光源局部光照模型，有效地反映不同光照条件下的艺术图像的不同表征力，采用色彩传递算法将特定艺术原图色彩特征转换到绘制图像上，有效地生成具有凡·高后期艺术风格的油画。在 Hays 和

Essa[41]的文献中较为完备地提出了基于不同笔刷模型的图像绘制方法。在其设计的软件系统中详细定义了笔刷所具有的各种属性特征，并且用户可以任意改变笔刷的各种属性值，或者设计自己的笔刷来进行非真实感绘制（non-photorealistic rendering，NPR）。钱小燕等[42]和肖亮等[43]提出了一种流体艺术风格的自适应 LIC 绘制方法，对凡·高后期具有漩涡状纹理的绘画风格进行模拟，在基本 LIC 方法的基础上提出可变步长、可变积分长度的自适应方法，调节 LIC 参数来生成不同的流线型纹理，通过对背景区域提升矢量场突出 LIC 纹理效果。

在水彩画风格化绘制研究方面，Luft 和 Deussen[44, 45]提出了一个实时的植物水彩画绘制系统，该系统先从原始真实感绘制的 3D 植物模型提取视觉及几何信息，通过整合细节层来强化图像的结构、纹理和光照。图像由颗粒元素、纹理元素和线画元素构成，它们的组合可以构建各种树和植物的模型，同时为了保证帧的连贯性，采用了模糊深度测试进行深度匹配，得到了效果较好的水彩风格化视频。Bousseau 等[46]提出了一个用于视频水彩绘制的方法，采用纹理合成方法，用具有水彩绘画效果的纹理合成画面，对视频中的场景进行简单的抽象化处理。为了保证帧间纹理的一致性，算法沿光流场方向进行纹理拼接，为了保证抽象画帧间的一致性，将数字形态学推广到时域，用光流场畸变的程度控制滤波器的时域宽度。Bousseau 等[47]也提出了一个可以用于图像和 3D 模型的水彩视觉效果生成方法，采用交互式的方式来实现图像抽象化和水彩效果化。

在其他艺术流派的风格化绘制研究中，Yang Chuankai 和 Yang Huilin 提出了一种点彩画绘制方法[48]。他们采用分层的绘制方法，分四次完成模拟修拉（Seurat）的点彩画风格的模拟，采用泊松盘来决定点的位置。Lake 等[49]提出了一种交互式方法来模拟卡通以及铅笔素描风格，Kalnins 等[50]实现了一个可以直接在三维模型上绘制铅笔画的系统，可以得到较为逼真的铅笔画效果。李龙生等[51]提出了一个基于 LIC 的改进铅笔画生成方法，先对彩色图像进行霓虹处理，再进行反向计算和灰度化，得到铅笔画的轮廓效果，然后利用 LIC 方法产生类似于铅笔的纹理效果，并且采用图像分割的方法获取进行 LIC 处理的有意义区域。Bae[52]将对自然图像进行统计分析的方法用于绘画风格图像的转换，通过提取图像特征，对挑选出的几类绘画流派进行统计分析，得到与之对应的特征参数范围，然后对图像进行风格转换。Mello 等[53]提出了一个木刻风格化方法，通过图像分割、方向场绘制、生成木刻纹理和渲染木刻纹理四个步骤完成木刻风格化绘制。

针对传统图像水彩风格生成算法时间效率低且容易出现色彩不协调的问题，程琳琳等[12]提出一种基于奇异值分解（singular value decomposition，SVD）的图像水彩风格绘制算法。将 SVD 应用于图像处理中，可将图像视为一个矩阵。SVD 是一种很好的图像内容分析和处理的工具。它可将各类的图像矩阵分解为较低维度的矩阵，并以此来获取图像的有效信息。利用 SVD 处理图像矩阵时，因为矩阵的特征主要由较大的奇异值决定，奇异值数量越多，图像细节越丰富。因此在分解过程中，舍弃部分较小的奇异值，可忽略图像细节，减少图像冗余信息，利用较大的奇异值可保留图像的基本信息，即图像的主成分。这种图像表示方法既突出了图像的主要特征，又减少了图像的冗余细节信息。研究发现，图像的主要信息反映在奇异值分解之后的前 K 个较大奇异值向量，以及其对应的左奇异和右奇异向量中。图像奇异值分解后，取不同 K 值时，对应的效果图如图 2.3-1

所示。可以看出，K 值越大，图像越清晰，图像的细节越丰富。当 K 值越小时，图像的细节相应越少。

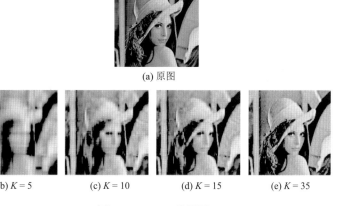

(a) 原图

(b) $K = 5$　　　(c) $K = 10$　　　(d) $K = 15$　　　(e) $K = 35$

图 2.3-1　SVD 效果图

　　均值偏移（mean-shift）算法由于具有图像平滑和自动填充色彩的效果，十分适用于图像的非真实感绘制。但此算法的时间效率较低，因此在采用结合分水岭的均值偏移算法处理之前，程琳琳等[12]先利用 SVD 特征提取的方法，提取图像中的主要成分，算法整体步骤如图 2.3-2 所示。该方法可在忽略图像细节的同时，较好地保留图像边缘等重要信息，以此减少分水岭变换所产生的区块，从而使均值偏移算法的处理时长进一步缩短，提高了水彩风格绘制的时间效率。

(a) 原图　　　(b) 步骤1　　　(c) 步骤2　　　(d) 步骤3～步骤7

(e) 色彩传递原图　　(f) 步骤8色彩传递结果

图 2.3-2　均值偏移算法实现步骤及结果

　　综上所述，针对传统图像水彩风格绘制过程中时间效率不高和色彩容易出现偏差的问题，程琳琳等[12]提出了一种基于 SVD 的图像水彩风格绘制算法。实验结果表明，使用该算法能够取得良好的艺术效果，提高了水彩风格绘制的时间效率。同时，色彩传递技术的应用，可改善水彩风格绘制过程造成的色彩偏差，也使水彩风格绘制的效果更加生动多变。

2017 年，谢志峰等[54]利用传统的风格传递算法提出了一种高动态范围成像（high dynamic range imaging，HDR）照片风格转移方法，通过给定一张 HDR 参考照片，借助颜色转移和字典学习技术，将 HDR 风格特征转移到原照片上，从而自动生成 HDR 照片效果。通过分析 HDR 照片风格的颜色和细节特征，首先，根据 HDR 风格的参考照片提供的颜色信息，对原照片实行颜色转移处理；其次，对 HDR 参考照片提取的细节特征进行字典学习，形成细节的过完备字典集；再次，提取原照片的细节特征，利用参考照片的字典集进行细节特征的稀疏重建；最后，合并颜色转移与细节重建的结果，实现 HDR 照片风格传递处理。整个系统框架如图 2.3-3 所示。

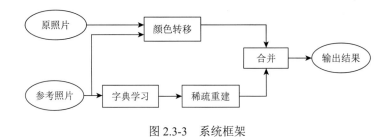

图 2.3-3　系统框架

由于 HDR 照片除了颜色特征外，还包括细节特征，而细节变化通过颜色转移方法是无法实现的，因此需引入稀疏表示理论，通过对参考照片的细节特征进行字典训练，获得过完备的细节字典集，然后利用该字典集重建原照片，从而使生成的新照片具有与参考照片一致的细节特征。谢志峰等[54]将通过学习的方法来获得字典。字典的学习过程一般包括两个阶段，第一阶段为稀疏编码，第二阶段为字典更新。稀疏编码阶段即在已知初始化字典 D 的情况下，求出信号在字典 D 上的稀疏表示，得到稀疏表示向量。字典更新阶段，即在稀疏表示向量和已知输入信号的前提下，逐列更新字典 D，当满足收敛条件或迭代次数完成时，字典学习过程结束，同时可以得到最优字典以及信号的稀疏表示系数。同时谢志峰等[54]采用 K-奇异值分解（K-singular value decomposition，K-SVD）算法进行字典训练，该算法能有效缩短字典训练时间，收敛速度对比传统方法有很大的提升，且运算复杂度较低。经过训练得到字典 D 之后，采用稀疏表达的思想，利用学习得到的字典对原照片进行稀疏重建，生成与参考照片特征一致的细节。算法流程如下。

（1）输入：普通风格的原照片 X、参考照片的训练字典 D。

（2）对原照片 X 利用加权最小二乘（weighted least square，WLS）滤波器分解出细节特征，并进行优化处理，得到图像 X_1。

（3）循环过程：从图像 X_1 左上角依次取出大小为 5×5 的图像块，对每个小块提取细节特征，然后将每个小块变成 25×1 的列信号 $\tilde{X}$，求出每个列信号在字典 D 下的稀疏表示系数 α。

（4）输出：将稀疏重建的小块按原来的空间位置进行恢复，得到具有丰富细节的浮雕或油画风格的图像 Y。

如图 2.3-4 所示，谢志峰等[54]提出的基于字典学习的 HDR 风格转移方法，通过给定
参考的 HDR 风格照片，利用颜色转移和字典学习技术将颜色和细节特征从参考照片转移
到原照片上，从而生成相应的 HDR 照片风格。

(a) 内容图像1	(b) 内容图像2	(c) 内容图像3
(d) HDR风格图像1	(e) HDR风格图像2	(f) HDR风格图像3

图 2.3-4　将原图像颜色转移的结果与稀疏重建的结果合并，生成 HDR 浮雕风格的照片

2.3.2　深度学习的风格传递算法

Gatys 等[14]提出了基于卷积神经网络的图像风格传递方法，是首篇深度学习的风格传
递论文。

如图 2.3-5 所示，图像进入 VGG 网络后，会进行特征值提取，每经过一个采样层，
特征图的大小减小，特征图的数量就会增加。内容重建是分别经过 VGG 网络中的
conv1_2、conv2_2、conv3_2、conv4_2、conv5_2 重建出来的内容特征。可以看出在 VGG
的前三层重建出来的内容特征和输入图像几乎一样。在 VGG 的后两层，重建出来的内容
特征的细节丢失了，但结构保留下来了。也就是说，网络的高层特征一般是输入图像结
构等信息，低层特征一般是输入图像的细节像素信息，在提取内容特征时，选用不同层
的表达效果是不一样的。风格重建是分别经过 VGG 网络中的 conv1_1，conv1_1 和
conv2_1，conv1_1、conv2_1 和 conv3_1，conv1_1、conv2_1、conv3_1 和 conv4_1，conv1_1、
conv2_1、conv3_1、conv4_1 和 conv5_1 重建的风格特征。不同层重建的风格特征有不同
的视觉效果，风格特征采用多层特征的融合，风格表达会更加丰富。

为了将创建出来的内容特征匹配给定的风格特征，可以联立卷积神经网络的图像内
容表示和多层特征融合的风格表示，下面是目标函数：

$$L_{\text{total}} = \sum_{l=1}^{L} \alpha_l L_{\text{content}}^l + \Gamma \sum_{l=1}^{L} \beta_l L_{\text{style}}^l \tag{2.3-1}$$

令 I 是内容图；S 是风格图；O 是输出图像；α_l 和 β_l 分别是内容（content）重建和风格
（style）重建在 l 层的权重；L 为卷积层总个数；Γ 是控制风格损失的权重。

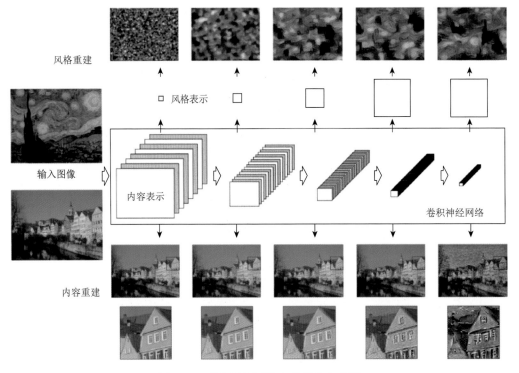

图 2.3-5　卷积神经网络中的图像表示[14]

通过最小化 l 层的输出图像的特征表示 $F_l[O]$ 和内容图像的特征表示 $F_l[I]$ 之间的均方误差损失函数得到内容损失函数：

$$L_{\text{content}}^l = \frac{1}{2N_l D_l} \sum_{ij} (F_l[O] - F_l[I])_{ij}^2 \qquad (2.3\text{-}2)$$

图像的风格表示由卷积层中不同滤波器之间的特征响应关系 $G^l \in \mathbb{R}^{N_L \times N_l}$ 表示，其中 G_{ij}^l 是图像在 l 层的格拉姆矩阵，表示为

$$G_{ij}^l = \sum_k F_{ik}^l F_{jk}^l \qquad (2.3\text{-}3)$$

通过最小化风格图像的格拉姆矩阵和输出图像的格拉姆矩阵的均方距离得到风格损失函数：

$$L_{\text{style}}^l = \frac{1}{2N_l^2} \sum_{ij} (G_l[O] - G_l[S])_{ij}^2 \qquad (2.3\text{-}4)$$

式中，N_l 表示在 VGG 网络的每层有 N_l 个滤波器，每个滤波器的特征图的大小为 D_l。$F^l \in \mathbb{R}^{N_l \times D_l}$ 是特征矩阵，其中 F_{ij}^l 是 l 层的位置 j 上的第 i 个滤波器的激活值。G_{ij}^l 表示格拉姆矩阵，格拉姆矩阵是计算每个通道 i 的特征图与每个通道 j 的特征图的内积。格拉姆矩阵的每个值可以说代表 i 通道的特征图与 j 通道的特征图的互相关程度。

网络的高层特征一般是输入图像的结构等信息，低层特征一般是输入图像的像素信息，在提取内容特征时，选用不同层的表达效果是不一样的。

下面对图 2.3-6 分析内容重建、风格重建时选择不同的卷积层对风格传递图的影响。

(a) 内容图　　　　　　　　　(b) 风格图

图 2.3-6　内容图和风格图

（1）不同内容层对风格传递的影响。图 2.3-7 给出了不同内容层是如何对风格传递的效果进行影响的。图中风格特征由 VGG 网络 conv1_1、conv2_1、conv3_1、conv4_1 和 conv5_1 联合重建得到。内容特征从左到右分别通过 VGG 网络 conv1_2、conv2_2、conv3_2、conv4_2、conv5_2 层重建得到。将图 2.3-7 可以看出，将 VGG 网络 conv1_2 或 conv5_2 重建得到的内容特征和风格特征进行融合，得到的融合结果完全丢失了输入图像的结构信息，而将 VGG 网络 conv2_2 或 conv3_2 重建得到的内容特征和风格特征融合，得到的融合结果虽然保留了输入图像的一部分结构信息，但融合图像的边缘轮廓不明显，还有一些风格溢出，相比之下内容层选取 conv4_2，内容和风格融合的效果最好，既保留了内容图的结构，又融合了风格图的风格。

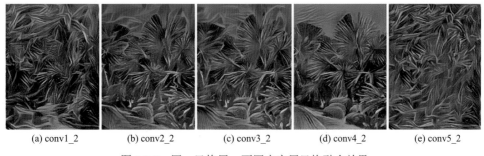

(a) conv1_2　　　　(b) conv2_2　　　　(c) conv3_2　　　　(d) conv4_2　　　　(e) conv5_2

图 2.3-7　同一风格层，不同内容层风格融合效果

（2）单层风格层对风格传递的影响。图 2.3-8 给出了不同风格层是如何对风格传递的效果进行影响的。图中内容特征由 VGG 网络的 conv4_2 层重建得到，风格特征从左到右分别由 VGG 网络 conv1_1、conv2_1、conv3_1、conv4_1 和 conv5_1 层重建得到，从图 2.3-8 可以看出，由 VGG 网络 conv1_1 或 conv5_1 重建得到的风格特征和内容特征融合，得到的融合结果基本上只有输入图像的内容，而没有风格图的风格，将 VGG 网络 conv2_1 或 conv3_1 或 conv4_1 重建得到的风格特征和内容特征融合，得到的融合结果风格表达层次单一。

(a) conv1_1 　　　(b) conv2_1 　　　(c) conv3_1 　　　(d) conv4_1 　　　(e) conv5_1

图 2.3-8　同一内容层，单层风格层风格融合

（3）不同风格层组合对风格传递效果的影响。图 2.3-9 给出了多层风格层风格融合是如何对风格传递的效果进行影响的。图中内容特征由 VGG 网络的 conv4_2 层重建得到，风格特征从左到右分别由 VGG 网络（conv1_1，conv1_1 和 conv2_1，conv1_1、conv2_1 和 conv3_1，conv1_1、conv2_1、conv3_1 和 conv4_1，conv1_1、conv2_1、conv3_1、conv4_1 和 conv5_1 重建得到，从左到右构建风格特征的卷积层逐渐增加，仅由 VGG 网络 conv1_1 构建的风格特征与内容特征融合，融合结果基本上没有风格，随着构建风格特征的卷积层增加，融合图的风格表达越来越丰富。从图 2.3-9 可以看出，从 VGG 网络的 conv1_1、conv2_1、conv3_1、conv4_1 和 conv5_1 联合构建出来的风格特征风格表达最丰富。

(a) conv1_1 　(b) conv1_1和conv2_1 　(c) conv1_1、conv2_1 　(d) conv1_1、conv2_1、 　(e) conv1_1、conv2_1、
　　　　　　　　　　　　　　　 和conv3_1 　　　 conv3_1和conv4_1 　　　 conv3_1、conv4_1
　　　　　　　　　　　　　　　　　　　　　　　　　　　　　　　　　　　　　　　 和conv5_1

图 2.3-9　同一内容层，多层风格层风格融合

通过上面三个对内容重建、风格重建时选择不同的卷积层的实验，得出了内容特征由 VGG 网络 conv4_2 构建，风格特征由 VGG 网络 conv1_1、conv2_1、conv3_1、conv4_1 和 conv5_1 联合构建，风格融合效果最好的结论。

本节内容特征由 VGG 网络 conv4_2 构建，风格特征由 VGG 网络 conv1_1、conv2_1、conv3_1、conv4_1 和 conv5_1 联合构建，将重彩画的背景传递到照片的实验结果如图 2.3-10 所示。从风格传递的结果可以看出，风格传递图既保留了内容图的结构，又融合了风格图的风格。

(a) 内容图　　　　　　(b) 风格传递图　　　　　　(c) 风格图

图 2.3-10　风格传递结果

2.4　本 章 小 结

　　本章主要介绍了图像视觉属性传递算法的研究现状，并分别从传统图像视觉属性传递算法和基于深度学习的图像视觉属性传递算法两个方面分别对三种常见的图像视觉属性（色彩、纹理、风格）传递算法进行了总结。

　　首先，本章讲述了图像视觉属性中的色彩传递算法，这些算法包括传统色彩传递算法（Reinhard 算法、Pitie 算法和 CTWC 局部色彩传递算法）和深度色彩传递算法（全自动图像的色彩传递算法、基于彩色参考图的上色算法和基于 GAN 的色彩传递算法）。Reinhard 算法适用于色彩比较简单的图像之间的色彩传递，对于色彩比较复杂的图像不适用；Pitie 算法适用于两幅图像的像素需要满足线性关系的各种图像之间的色彩传递；CTWC 局部色彩传递算法允许只传递图像某部分的颜色，保留图像其余部分的颜色。全自动图像的色彩传递算法通过从整幅图像中获取全局先验信息，并从局部补丁中获取局部图像特征以进行自动着色。基于彩色参考图的上色算法的目的是利用参考图的颜色给灰度图像上色，但这也会导致上色的质量过度依赖于参考图像。基于 GAN 的色彩传递算法通过把颜色的传播问题转换为将灰色图片生成为彩色图片的问题来实现色彩传递。

其次，本章详细介绍了纹理传递过程中最关键的步骤：纹理合成。纹理反映任何物体表面的表现，纹理合成就是要通过物体表面上一小块的表现，生成大块相似的表现。纹理合成的算法也分为传统纹理合成算法和深度纹理合成算法。在传统的纹理合成算法中，本章着重介绍了最为经典的图像缝合算法，这是基于块拼接的纹理合成算法，但是这种方法运行速度较慢。为了解决这一问题，本章还介绍了两种纹理合成加速算法（按行合成算法、基于积分图像和 FFT 的纹理合成加速算法）。本章还介绍了基于深度学习框架的纹理合成算法，通过采用深度卷积神经网络模型来生成自然纹理，比传统参数化的纹理合成算法取得的合成效果更好。

最后，本章介绍了图像视觉属性中风格传递的算法，这些算法分为传统的风格传递算法和深度学习的风格传递算法。传统的风格传递算法通过利用风格图像的纹理、颜色等低层图像特征来实现风格的传递。针对不同的画派，如油画风格化绘制、水彩画风格化绘制、点彩画绘制、图像水彩风格生成、铅笔画绘制等方面，本章总结了相应的经典算法。深度学习的风格传递算法利用基于神经网络的方法来进行风格传递，本章详细介绍了一种基于卷积神经网络的风格传递算法。

参 考 文 献

[1] Reinhard E，Adhikhmin M，Gooch B，et al. Color transfer between images[J]. IEEE Computer Graphics and Applications，2001，21（5）：34-41.

[2] 韩亚. 图像视觉属性迁移的研究及应用[D]. 昆明：云南大学，2018.

[3] Pitie F，Kokaram A C，Dahyot R. N-dimensional probability density function transfer and its application to color transfer[C]//Tenth IEEE International Conference on Computer Vision（ICCV'05）Volume 1，Beijing，2005：1434-1439.

[4] Maslennikova A，Vezhnevets V. Interactive local color transfer between images[C]//Proceedings of the International Conference on Computer Graphics and Vision，Moscow，2007：75-78.

[5] Sanjit K. Mitra：Digital Signal Processing-A Computer-Based Approach[M]. 2nd ed. Beijing：Tsinghua University Press，2002.

[6] Iizuka S，Simo-Serra E，Ishikawa H. Let there be color!：Joint end-to-end learning of global and local image priors for automatic image colorization with simultaneous classification[J]. ACM Transactions on Graphics，2016，35（4）：1-11.

[7] He M M，Chen D，Liao J，et al. Deep exemplar-based colorization[J]. ACM Transactions on Graphics，2018，37（4）：1-16.

[8] Johnson J，Alahi A，Li F F. Perceptual losses for real-time style transfer and super-resolution[C]//European Conference on Computer Vision. Cham：Springer，2016：694-711.

[9] Zhang R，Isola P，Efros A A. Colorful image colorization[C]//European Conference on Computer Vision. Cham：Springer，2016：649-666.

[10] Larsson G，Maire M，Shakhnarovich G. Learning representations for automatic colorization[C]//European Conference on Computer Vision. Cham：Springer，2016：577-593.

[11] Thasarathan H，Nazeri K，Ebrahimi M. Automatic temporally coherent video colorization[C]//2019 16th Conference on Computer and Robot Vision（CRV），Kingston，2019：189-194.

[12] 程琳琳，陈昭炯，傅明建. 一种基于 SVD 的图像水彩风格绘制算法[J]. 计算机应用与软件，2019，36（5）：183-186，215.

[13] Zhang R，Isola P，Efros A A. Colorful image colorization[C]//European Conference on Computer Vision. Cham：Springer，2016：649-666.

[14] Gatys L A，Ecker A S，Bethge M. A neural algorithm of artistic style[J]. arXiv preprint arXiv：1508.06576，2015.

[15] 李秀怡. 图像纹理检测与特征提取技术研究综述[J]. 中国管理信息化，2017，20（23）：175-178.

[16] Efros A A，Leung T K. Texture synthesis by non-parametric sampling[C]//Proceedings of the Seventh International Conference on Computer Vision，Kerkyra，1999：1033-1038.

[17] Wei L Y，Levoy M. Fast texture synthesis using tree-structured vector quantization[C]//Proceedings of the 27th Annual Conference on Computer Graphics and Interactive Techniques，New York，2000：479-488.

[18] Ashikhmin N. Fast texture transfer[J]. IEEE Computer Graphics and Applications，2003，23（4）：38-43.

[19] Efros A A，Freeman W T. Image quilting for texture synthesis and transfer[C]//Proceedings of the 28th Annual Conference on Computer Graphics and Interactive Techniques，Los Angeles，2001：341-346.

[20] Liang L，Liu C，Xu Y Q，et al. Real-time texture synthesis by patch-based sampling[J]. ACM Transactions on Graphics，2001，20（3）：127-150.

[21] Cohen M F，Shade J，Hiller S，et al. Wang tiles for image and texture generation[J]. ACM Transactions on Graphics，2003，22（3）：287-294.

[22] 王一平，王文成，吴恩华. 块纹理合成的优化计算[J]. 计算机辅助设计与图形学学报，2006，18（10）：1502-1507.

[23] 陈昕，王文成. 基于复用计算的大纹理实时合成[J]. 计算机学报，2010，33（4）：768-775.

[24] 邹昆，韩国强，李闻，等. 基于 Graph Cut 的快速纹理合成算法[J]. 计算机辅助设计与图形学学报，2008，20（5）：652-658.

[25] Lefebvre S，Hoppe H. Parallel controllable texture synthesis[J]. ACM Transactions on Graphics，2005，24（3）：777-786.

[26] Han C，Risser E，Ramamoorthi R，et al. Multiscale texture synthesis[J]. ACM Transactions on Graphics，2008，27（3）：1-8.

[27] Viola P，Jones M. Rapid object detection using a boosted cascade of simple features[C]//Proceedings of the 2001 IEEE Computer Society Conference on Computer Vision and Pattern Recognition，Kauai，2001：511.

[28] 吴镇扬. 数字信号处理[M]. 北京：高等教育出版社，2004.

[29] Gatys L，Ecker A S，Bethge M. Texture synthesis using convolutional neural networks[J]. Advances in Neural Information Processing Systems，2015，28：262-270.

[30] 张定祥，谭永前. 基于卷积神经网络和边缘检测的自然纹理合成算法[J]. 激光与光电子学进展，2019，56（13）：64-70.

[31] Cadieu C F，Hong H，Yamins D L K，et al. Deep neural networks rival the representation of primate IT cortex for core visual object recognition[J]. PLoS Computational Biology，2014，10（12）：e1003963.

[32] Simonyan K，Zisserman A. Very deep convolutional networks for large-scale image recognition[J]. arXiv preprint arXiv：1409.1556，2014.

[33] Guo Y W，Yu J H，Xu X D，et al. Example based painting generation[J]. Journal of Zhenjiang University—Science A，2006，7（7）：1152-1159.

[34] Winnemöller H，Olsen S C，Gooch B. Real-time video abstraction[J]. ACM Transactions on Graphics，2006，25（3）：1221-1226.

[35] 赵杨，徐丹. 运用流体模拟的油画生成方法[J]. 软件学报，2006，17（7）：1571-1579.

[36] Chen S，Tian Y，Wen F，et al. EasyToon：An easy and quick tool to personalize a cartoon storyboard using family photo album[C]//Proceedings of the 16th ACM International Conference on Multimedia，Vancouver，2008：499-508.

[37] 钱文华，徐丹，岳昆，等. 重要度引导的抽象艺术风格绘制[J]. 计算机辅助设计与图形学学报，2015，27（5）：915-923.

[38] 李杰，侯剑侠，王雪松，等. 基于刻痕的云南绝版套刻的数字模拟合成[J]. 系统仿真学报，2016，28（12）：2912-2917.

[39] Hertzmann A. Painterly rendering with curved brush strokes of multiple sizes[C]//Proceedings of the 25th Annual Conference on Computer Graphics and Interactive Techniques，Orlando，1998：453-460.

[40] Hertzmann A. Paint by relaxation[C]//Proceedings of Computer Graphics International，Hong Kong，2001：47-54.

[41] Hays J，Essa I. Image and video based painterly animation[C]//Proceedings of the 3rd International Symposium on Non-Photorealistic Animation and Rendering，Annecy，2004：113-120.

[42]　钱小燕，肖亮，吴慧中. 一种流体艺术风格的自适应 LIC 绘制方法[J]. 计算机研究与发展，2007，44（9）：1588-1594.

[43]　肖亮，钱小燕，吴慧中，等. 流线形风格化图像生成算法[J]. 计算机辅助设计与图形学学报，2008，20（7）：843-849.

[44]　Luft T，Deussen O. Interactive watercolor animations[C]//Computer Graphics and Applications，Macao，2005：352-356.

[45]　Luft T，Deussen O. Real-time watercolor illustrations of plants using a blurred depth test [C]//Proceedings of the 4th International Symposium on Non-Photorealistic Animation and Rendering，Annecy，2006：11-20.

[46]　Bousseau A，Neyret F，Thollot J，et al. Video watercolorization using bidirectional texture advection[J]. ACM Transactions on Graphics，2007，26（3）：104.

[47]　Bousseau A，Kaplan M，Thollot J，et al. Interactive watercolor rendering with temporal coherence and abstraction[C]// Proceedings of the 4th International Symposium on Non-Photorealistic Animation and Rendering，Annecy，2006：141-149.

[48]　Yang C K，Yang H L. Realization of Seurat's pointillism via non-photorealistic rendering [J]. The Visual Computer，2008，24（5）：303-322.

[49]　Lake A，Marshall C，Harris M，et al. Stylized rendering techniques for scalable real-time 3D animation[C]//Proceedings of the 1st International Symposium on Non-Photorealistic Animation and Rendering，Annecy，2000：13-20.

[50]　Kalnins R D，Markosian L，Meier B J，et al. WYSIWYG NPR：Drawing strokes directly on 3D models[C]//Proceedings of the 29th Annual Conference on Computer Graphics and Interactive Techniques，San Antonio，2002：755-762.

[51]　李龙生，周经野，陈益强，等. 一种改进的铅笔画的生成方法[J]. 中国图象图形学报，2007，12（8）：1423-1429.

[52]　Bae S. Statistical analysis and transfer of coarse-grain pictorial style[D]. Cambridge：Massachusetts Institute of Technology，2005.

[53]　Mello V B，Jung C R，Walter M. Virtual woodcuts from images[C]//Proceedings of the 5th International Conference on Computer Graphics and Interactive Techniques in Australia and Southeast Asia，Perth，2007：103-109.

[54]　谢志峰，杜胜，郭雨辰，等. 基于字典学习的 HDR 照片风格转移方法[J]. 图学学报，2017，38（5）：706-714.

第3章　绘制内容指导的铅笔画风格实现

非真实感绘制可以通过某些算法并利用计算机使图形生成具有某种手绘风格的作品图，它的结果作品图不会像真实感绘制所得到的图形那样具有真实感，而是具有绘画作品般的抽象感与艺术感。本章主要介绍一种具有铅笔画风格的非真实感绘制技术，并结合实验结果进行分析。

3.1　铅笔画绘制研究概述

目前，非真实感绘制中铅笔画绘制应用广泛，国内外均有对此内容的研究，我们根据不同分类说明其研究现状，如执行方式的不同、处理结果的不同、色彩特征的不同等方面[1]。

3.1.1　执行方式不同的铅笔画绘制

所谓的执行方式就是交互式或非交互式绘制。交互式处理（interactive processing）是操作人员和系统之间存在交互作用的信息处理方式。操作人员通过终端设备（输入输出系统）输入信息和操作命令，系统接到后立即处理，并通过终端设备显示处理结果。操作人员可以根据处理结果进一步输入信息和操作命令[2]。交互式铅笔画绘制的代表是大家熟知的 PencilSketch[3]绘图系统，此系统是用鼠标作为交互工具与计算机进行交互的，通过鼠标模拟铅笔的材质、硬度、颜色深浅、绘制方向等并设置其参数，从而实现绘制铅笔画的目的。我们可以随心所欲地选择自己喜欢的画布、颜料、铅笔的粗细等，可以根据所需创作的原图像进行观察绘制，随时进行交互式绘制。交互式绘制在提供了方便的同时也存在着一定的限制，例如，要求绘画者有一定的绘画功底，懂得如何调制笔画的粗细、颜色的明暗，懂得什么样的材质能绘制出何种风格的作品。这样就为不懂绘画技巧，却对绘画感兴趣的业余人士带来了限制。

非交互式铅笔画绘制不同于交互式铅笔画绘制最突出的一点就是能够自动绘制，不用人为选取笔刷大小、纸张颜色，不用考虑所需绘制的图像的明暗程度等。Cahral 和 Leedom[4]在 1993 年提出利用 LIC 技术模拟铅笔画效果，它是最典型的非交互式铅笔画绘制技术。Mao 等[5]提出了利用 LIC 将二维图像自动生成铅笔画的方法，Yamamoto 等[6]提出了增强的 LIC 铅笔画滤波方法。

3.1.2　处理结果不同的铅笔画绘制

处理结果就是对一幅图像处理的结果可以是形成简单的点线图像，也可以是饱满的、具有填充感的素描图像。点线式铅笔画比较简单、直接，可以用作图形插画，在儿童科普图书中会经常看到，也便于儿童理解接受。具有填充感的素描图像层次分明，在视觉上给人很强的冲击力，让人觉得犹如身处其中，对各种风景人物的刻画也栩栩如生。两种处理后的图像结果各有其独特的应用点。

简单的点线式铅笔画一般是定义在由矢量、特征值、矩阵等组成的数字图像上来进行描摹绘制的。例如，最早的边缘提取方法由 DeCarlo 和 Santella[7]提出，是基于 Canny 算子进行边缘检测的。Son 等[8]后来对算法进行了改进，提出了一种自动提取二维图像线条轮廓的实用算法，通过对输入图像进行特征点提取，并对特征点采样的线条图进行似然函数的计算，找出最有可能的边缘上的点，进行连接，最后经过后期的线条渲染，即曲线拟合、纹理映射等得到最终的线条轮廓图。

类似素描的铅笔画最典型的是 Lu 等[9]提出的基于自然图像的铅笔画。他们是基于铅笔画的轮廓与色调两部分展开的，轮廓通过梯度图与八个方向不同的模板进行卷积，并选取卷积结果最大值的梯度方向值作为其轮廓值，再次进行八个方向上的卷积并叠加而成。此方法使轮廓线有交叉感，类似于画家作画的习惯。而纹理色调图则通过参数化的模型进行拟合而成，这样与画家所绘制的铅笔画更接近。

3.1.3　色彩特征不同的铅笔画绘制

铅笔画中的色彩特征是指铅笔画的灰色图与彩色图。从心理学的角度来说，灰色图带给人的是一种安静、沉重、肃静的感觉，而彩色图则带给人各式各样的多彩情感，有热情奔放的红色，有神秘梦幻的紫色，有充满活力的绿色等。不同的色彩特征的铅笔画研究的内容也有所不同，传统的铅笔画绘制一般都是灰色图居多，研究者会把绘制出灰色铅笔画作为主要的绘制目标，主要是对其纹理和轮廓下功夫。孙丹丹和唐棣[10]应用运动模糊的方法进行铅笔画纹理的仿真模拟，运动模糊也就是利用一个具有方向的运动滤波器来滤波产生纹理。现有的非真实感绘制技术绘制出的铅笔画与现实中的手绘铅笔画存在着差异，基于此差异，李智慧等[11]提出了一种新的改进方法，在线条上采用多层双边线条，并结合不同方向上的运动滤波，最后生成了一种具有层次感的素描纹理。

从艺术家绘画的角度来看，彩色铅笔画的绘制与传统的灰色铅笔画即素描画勾勒的手法基本相似，都要进行框架的基本勾勒形成以及中间的色调填充，使画作充满饱和感、视觉上更加具有冲击力。勾勒出的框架的好坏在后期铅笔画的形成过程中也具有特别的影响力，色彩的加入更是使彩色铅笔画的应用变得广泛起来，如我们见到的各种模拟铅笔画的动漫、杂志封面插画等，改变了以往黑白色彩的单调性。

彩色铅笔画的绘制要比灰色铅笔画的绘制多些彩色信息，彩色信息的加入更能使铅笔画图像形象生动具体，也使图像所表达的内容更加丰富多彩。随着市面上各种彩铅的出现，彩色铅笔画变成了一种流行的趋势，不再拘泥于不具有多种色彩的灰色铅笔画。谢党恩等[12]提出的铅笔画彩色绘制，尽可能保留了原始色彩的样貌信息，同时有了与原图像差别不大的色彩展示。

3.2　绘制内容指导的铅笔画风格实现的主要思想和设计

铅笔画绘制首先需要画家确定好构图，经过反复推敲使构图得当、均衡。其次，画出其大致的轮廓形体，绘制的轮廓要注重形体的形状、比例、结构等信息。再次，依据物体的明暗信息从整体到局部进行塑造、填充，使画面饱满、圆润。最后，进行色调、空间、质感、主次等整体调整，得到成形的铅笔画。简单来说，铅笔画绘制包括两个步骤：①笔画轮廓生成，即图 3.2-1 的结构部分；②纹理色调生成，即图 3.2-1 的风格部分。

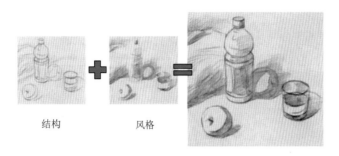

图 3.2-1　铅笔画绘制过程[9]

根据画家绘制铅笔画的一般步骤，本章研究并设计了铅笔画模拟绘制的非真实感绘制算法，用计算机生成具有铅笔画风格的图形图像，其算法流程如图 3.2-2 所示，首先对输入图像进行梯度图的提取，提取梯度图之后利用 8 方向卷积算子相卷积叠加得到笔画线条图。其次，对输入图像进行色调图的匹配，并通过色调图进行处理，生成纹理图。最后，把结果线条图与纹理图进行卷积得到最终的铅笔画。

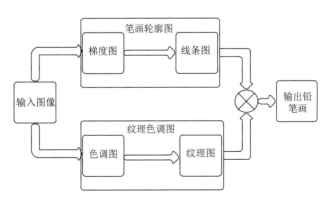

图 3.2-2　非真实感绘制铅笔画算法流程框架

本章的铅笔画绘制算法主要对先前的铅笔画绘制技术做了改进创新，在大量搜集画家所绘制铅笔画画作的时候发现，画家在绘制不同种类的铅笔画时所描述的重心点不同，色调的分布也有所不同，前景、背景的着重点也不同。而且铅笔画的平滑预处理也是特别重要的，平滑程度、平滑方法等都与最终形成的铅笔画息息相关。铅笔画的纹理绘制中，噪声点的生成也是人们研究铅笔画不可忽略的一点，噪声图的形成关系着铅笔画整体的画面感。针对以上分析内容，本章主要工作及改进点如下。

（1）采取分类绘制的方法，对不同种类的铅笔画分别进行统计，分类绘制出对应的色调拟合曲线图，即每一类图像对应着该类相应的色调图。

（2）通过观察素描绘画者的绘画，发现人物素描图的前景为着重描写对象，而不像照片那样拥有包含背景的全局拍摄效果，所以本章对人物图像进行前景、背景的分离，来绘制人物铅笔画。

（3）在对图像做预处理的时候，利用 L0 平滑[13]的方法，该方法能够很好地剔除某些不必要的杂乱、冗余细节，且能够使所需的边缘完美地保留下来。

（4）改进了以往噪声点的分布随着整幅图像的灰度值改变的方式，采用色调图指导噪声点的生成，使最终形成的铅笔画纹理更加贴近现实画家绘制的铅笔画纹理。

3.3 铅笔画轮廓图绘制

3.2 节介绍了画家绘制铅笔画的流程及铅笔画模拟绘制的流程框架，本节着重介绍铅笔画绘制流程中的第一个内容：铅笔画轮廓图绘制。

3.3.1 边缘保持的图像平滑处理

合成铅笔画之前需要对图像进行平滑处理，目的就是在平滑掉杂乱且具有干扰性的小细节的同时保留边缘信息。本节通过与使用比较广泛的高斯平滑滤波的比较，找出一种更优的平滑滤波方法——L0 平滑滤波。

1. 高斯平滑滤波

高斯平滑滤波是简单且应用广泛的滤波方式，由于原始图像中往往伴随着随机噪声，这些噪声可能会给后期图像的处理及应用带来干扰，所以要对原始图像进行平滑滤波的预处理。高斯平滑滤波器是线性平滑滤波器，它的权值由高斯函数的形状选取，其最大的作用就是能够很好地去除服从正态（高斯）分布的噪声[14]，一维高斯函数如式（3.3-1）所示，其显示图为图 3.3-1。

$$G(x) = \frac{1}{\sqrt{2\pi}\sigma} e^{\frac{-x^2}{2\sigma^2}} \qquad （3.3-1）$$

式中，高斯函数宽度由标准差 σ 决定。对于图像来说，把一维的高斯函数升级到二维高斯函数来进行平滑滤波，如式（3.3-2）所示，其显示图为图 3.3-2。

$$G(x, y) = \frac{1}{2\pi\sigma^2} e^{\frac{x^2+y^2}{2\sigma^2}} \qquad （3.3-2）$$

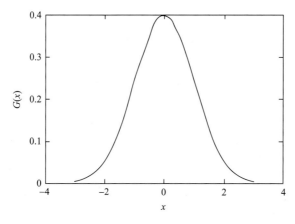

图 3.3-1　一维高斯函数图

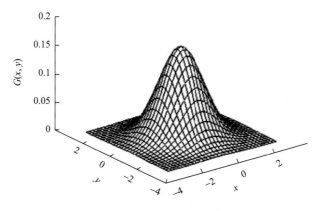

图 3.3-2　二维高斯函数图

　　简单来说，图像的二维高斯平滑滤波中，当前像素点的平滑值就等于相邻像素点与相应的高斯模板值的相乘并累加。

　　二维高斯滤波器在每个方向上的平滑程度是相同的，当前需要平滑的图像的边缘方向是不得而知的，所以高斯平滑的旋转对称性加固了后续边缘检测的稳定性。经过高斯平滑处理的当前像素值就等于相邻像素点与相应的高斯模板值（权值）的相乘并累加，即邻域像素的加权平均值。所以，高斯平滑对离中心点越远的像素值作用程度越小，因此图像才不会失真。高斯滤波的平滑程度是由 σ 决定的，σ 越大，高斯频带越宽，平滑程度越好。可是 σ 也要适当，如果 σ 过大则会造成过分模糊，不利于图像的特征显现。

　　2. L0 平滑滤波

　　L0 平滑滤波是 Xu 等[13]提出的一种有效地对图像进行平滑处理的滤波方法，该方法不仅能有效剔除不必要的低幅值细节信息，而且能够使图像的边缘信息得到比较完整的保留，如图 3.3-3 所示。值得说明的一点就是，在使用 L0 平滑滤波处理图像之后，处理结果图的清晰度也是有保障的。L0 平滑滤波在剔除小细节的同时还增加低幅值噪声之间过渡坡的陡度，如图3.3-4中的红色线条穿过的区域就是低幅值噪声，以这种方式达到有效平滑且使图像边缘保留的目的，图3.3-4是以单通道信号为例来形象地表示出L0平滑滤波原理的。

(a) 原图　　　　　　　(b) L0平滑图

图 3.3-3　L0 平滑滤波后的效果图

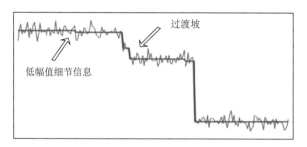

图 3.3-4　L0 平滑滤波示意图

L0平滑滤波不同于传统的局部平滑滤波，而是采用全局滤波的方法。剔除不必要的细节与保留边缘这两个看似矛盾的处理效果，都在利用L0梯度最小化优化框架中得到了很好的解决。其基本思想是：使平滑后的图像梯度零范数更小[15]。梯度零范数，即梯度中非零值的个数。其优化框架目标函数为式（3.3-3）与式（3.3-4）：

$$C(S) = \#\left\{p \mid \left|\partial_x S_p\right| + \left|\partial_y S_p\right| \neq 0\right\} \tag{3.3-3}$$

$$\min_S \left\{\sum_p (S_p - I_p)^2 + \lambda C(S)\right\} \tag{3.3-4}$$

式中，#为计数操作符；I为输入图；S为平滑图；$C(S)$为平滑图中梯度值不为零的个数统计；λ起到调节平滑程度的作用；$\partial_x S_p$为保真项；$\partial_y S_p$为正则项。通过式（3.3-4）进行优化计算得到S，大致优化步骤如下。

（1）把式（3.3-3）代入式（3.3-4）并引入辅助变量h_p、v_p替换$\partial_x S_p$、$\partial_y S_p$，最后得到式（3.3-5）：

$$\min_{S,h,v} \left\{\sum_p (S_p - I_p)^2 + \lambda C(h,v) + \beta((\partial_x S_p - h_p)^2 + (\partial_y S_p - v_p)^2)\right\} \tag{3.3-5}$$

式中，$C(h,v)$为平滑图中梯度值不为零的个数统计；β为自适应参数，用来控制变量(h,v)与相应的梯度之间的相似度。

（2）把式（3.3-5）分为两个子问题进行计算，分别为式（3.3-6）、式（3.3-7）：

$$\min_S\left\{\sum_p (S_p - I_p)^2 + \beta((\partial_x S_p - h_p)^2 + (\partial_y S_p - v_p)^2)\right\} \quad (3.3\text{-}6)$$

$$\min_{h,v}\left\{\sum_p ((\partial_x S_p - h_p)^2 + (\partial_y S_p - v_p)^2) + \frac{\lambda}{\beta}C(h,v)\right\} \quad (3.3\text{-}7)$$

式（3.3-4）中指出了 λ 是平滑参数，通过设置不同的平滑参数 λ，可以调节平滑后图像的细节保留度，平滑参数 λ 越小，平滑程度越小，平滑得就不太明显。

图 3.3-5 显示了平滑参数不同时的效果图。随着平滑参数的增大，图像模糊得越来越厉害，细节信息也越来越少，甚至边缘也可能会消失。所以并不是平滑度越大效果就越好，设置合适的参数很重要，既平滑了图像，又保留了所需的细节。

(a) 平滑图（$\lambda=0.001$）　　(b) 平滑图（$\lambda=0.015$）　　(c) 平滑图（$\lambda=0.03$）

图 3.3-5　不同平滑参数下的平滑结果图

上述内容简要介绍了 L0 平滑滤波方法，与高斯平滑滤波方法做对比，效果如图 3.3-6 所示，高斯平滑滤波虽然使用起来简单、方便、快捷，但观察高斯平滑滤波效果图［图 3.3-6（b）］可以看出，高斯平滑滤波在对图像进行平滑去噪的同时，图像的边缘细节也被模糊掉了，不如原图［图 3.3-6（a）］的边缘清晰明了，若采用高斯平滑滤波的平滑方法进行图像的预处理，则不利于铅笔画边缘轮廓线条的提取。L0 平滑滤波的效果更佳，平滑程度可控，不仅有效地剔除了不必要的图像细节，而且边缘信息保留得比较完整。因此本章选取 L0 平滑滤波进行图像预处理。

(a) 原图　　　　　(b) 高斯平滑滤波图　　　　(c) L0平滑滤波图

图 3.3-6　平滑滤波对比图

3.3.2　求取梯度图

本节采用梯度边缘检测中的索贝尔（Sobel）算子得到所需图像的梯度图，图像经过L0平滑滤波后进行梯度图的求取绘制，所求的梯度图如图3.3-7所示，图片来源于文献[9]。

(a) 原图　　　　　　　　　　　(b) 梯度图

图 3.3-7　原图及梯度图

梯度图的形成并不代表铅笔画轮廓框架的形成，梯度图只是代表输入图像的简单轮廓，和现实中画家所绘制的铅笔画轮廓还是有差异的。因此我们会利用现有的资料以及自己的知识，进一步探索轮廓线条的绘制。

3.3.3　两次卷积得到轮廓图

为了模拟铅笔画具有交叉感的笔画细节，本节采用两次卷积的方法来实现轮廓图绘制。铅笔画轮廓线实现的具体过程如下。

（1）输入原图像并转化为灰度图，由灰度图计算出梯度图。

（2）对梯度图分别进行0°、22.5°、45°、67.5°、90°、112.5°、135°、157.5°共8个方向上的卷积，选取每个卷积结果的最大值方向上的梯度值作为当前值，从而形成当前方向上的卷积响应图。

（3）对新形成的最大响应图再次进行 8 个方向上的卷积，得到最大响应图。其目的是通过卷积拉长边缘线条，形成交叉感效果。

（4）通过各个方向最大响应图的累加取反得到铅笔画轮廓图。

1. 卷积算子

铅笔画轮廓线实现过程中需要 8 个方向的卷积算子，卷积算子也就是卷积模板，如图3.3-8所示，本节的8个方向上的卷积算子 L_i（$i = 1, 2, \cdots, 8$）呈直线形，我们称作"直线算子"，直线算子存在的作用就是生成类似铅笔画效果且具有线延长形式的风格响应

图 R_i（$i = 1, 2, \cdots, 8$）。直线算子本身是经过矩阵中心点的，通过 22.5°角的不断变化，带动方向的变化，来形成 8 个方向的算子。直线的粗细、长度等通过参数的设定都是可以改变的。

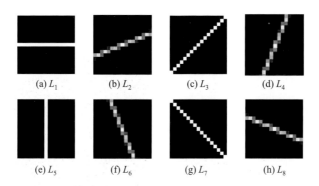

(a) L_1　　　(b) L_2　　　(c) L_3　　　(d) L_4

(e) L_5　　　(f) L_6　　　(g) L_7　　　(h) L_8

图 3.3-8　8 个方向上的卷积模板

2. 卷积响应图

前面讲述了铅笔画轮廓的形成会经过两次卷积，第一次卷积是梯度图与 8 个方向卷积算子相卷积，即

$$R_i = L_i * G, \quad i = 1, 2, \cdots, 8 \tag{3.3-8}$$

式中，R_i 为第一次卷积滤波响应图；G 为梯度图；L_i 为第 i 个方向上的卷积算子，实际上就是一个卷积核。第一次各个方向上的卷积响应图如图 3.3-9 所示。

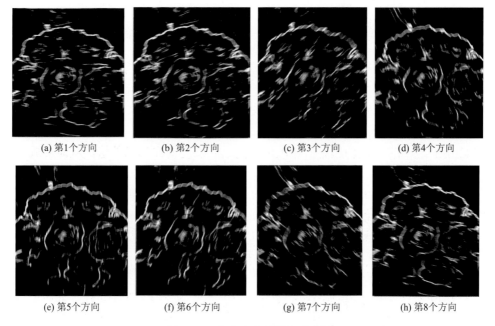

(a) 第1个方向　　　(b) 第2个方向　　　(c) 第3个方向　　　(d) 第4个方向

(e) 第5个方向　　　(f) 第6个方向　　　(g) 第7个方向　　　(h) 第8个方向

图 3.3-9　各方向上的卷积响应图

3. 最大响应图

通过梯度图依次与 8 个方向上的卷积算子相卷积得到响应图，最后形成了 8 个方向上的响应图，以 P 像素点为例，P 点沿着 8 个方向被拉长，这样做的目的就是看哪个方向上在该点响应最大，即把该方向上的梯度值作为当前值，从而形成一个最大响应图，如此便有 8 个最大响应图。其算法公式如下：

$$M_{i(P)} = \begin{cases} G_{(P)}, & \arg\max_i \{R_{i(P)}\} = i \\ 0, & \text{其他} \end{cases} \qquad (3.3\text{-}9)$$

式中，$M_{i(P)}$ 为 P 点像素最大响应值；$G_{(P)}$ 为 P 点像素的梯度值；$R_{i(P)}$ 为卷积响应图；i 为第 i 个方向。各个方向上的最大响应图如图 3.3-10 所示。

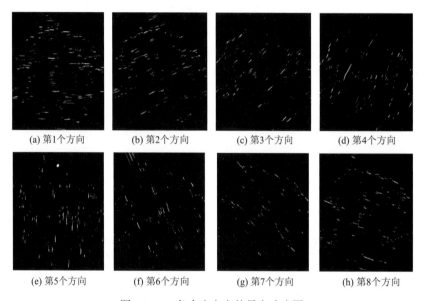

(a) 第1个方向　　　(b) 第2个方向　　　(c) 第3个方向　　　(d) 第4个方向

(e) 第5个方向　　　(f) 第6个方向　　　(g) 第7个方向　　　(h) 第8个方向

图 3.3-10　各个方向上的最大响应图

4. 轮廓线形成

轮廓线的形成方法依然是通过 8 个方向上的卷积，此次卷积既可以消除上述图像处理过程中引入的噪声，又可以起到拉长线条的作用，使铅笔画的轮廓线条有一个交叉的效果。再次经过 8 个方向上的卷积之后，各个方向的线条图如图 3.3-11 所示。

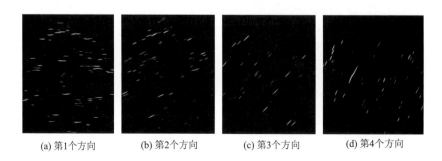

(a) 第1个方向　　　(b) 第2个方向　　　(c) 第3个方向　　　(d) 第4个方向

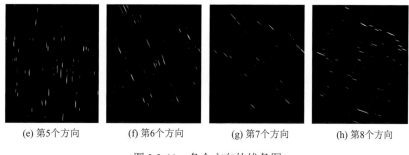

(e) 第5个方向　　　(f) 第6个方向　　　(g) 第7个方向　　　(h) 第8个方向

图 3.3-11　各个方向的线条图

最终铅笔画的轮廓线条图是 8 个方向上的线条图相叠加并取反得到的，其算法公式如下：

$$S' = \sum_{i=1}^{8}(L_i * M_i) \tag{3.3-10}$$

$$S = 1 - S' \tag{3.3-11}$$

式中，*表示卷积；M_i 表示像素最大响应值；S' 表示 8 个方向上的线条图相叠加的结果；S 表示轮廓线条图。设置不同的参数其展现的轮廓也是不同的，其展示结果如图 3.3-12 所示，图 3.3-12（a）、图 3.3-12（b）中的左图为铅笔画轮廓图，右图为轮廓图中矩形区域的放大图，展示交叉线条。

(a)　　　　　　　　　　　　(b)

图 3.3-12　铅笔画轮廓线条及其放大区域

3.4　铅笔画色调纹理图绘制

铅笔画色调纹理图绘制的实现主要包括以下几个步骤。

（1）对不同种类的铅笔画分类进行统计，分类绘制出对应的色调拟合曲线图，通过输入图像的灰度图与当前类的色调拟合曲线图进行直方图匹配后，形成适合当前类图片的色调图。

（2）利用色调图指导噪声图的形成，通过对噪声图进行分区域的 LIC 卷积积分，形成具有不同方向纹理的色调纹理图。

3.4.1　铅笔画色调图分类归纳

色调是指图像的明暗程度，明暗程度不同，给人呈现的视觉舒适度也不同。文艺复兴时期，色调是对形体特征的一种补充说明；巴洛克时期，色调是画家表现光与影、烘托氛围、抒发情感的语言；印象派时期，色调几乎全部代替了轮廓线条来表达物体的形态及画家的主要情感。

将自然图像的灰度图与画家所绘制的铅笔画作品相比较，可以发现两者的色调有很大差别，如图 3.4-1 所示，而且不同种类的铅笔画色调图的分布也不同，如图 3.4-2 所示。对于输入自然图像的灰度图，本章与画家所绘制的铅笔画色调图不同，本章采用直方图匹配的方法进行色调图的形成。对于画家绘制不同种类的画作的画画风格不同的问题，本章采取分类绘制的方式进行色调图的形成。最后生成的铅笔画图像与画家所绘制的铅笔画在色调上十分接近。

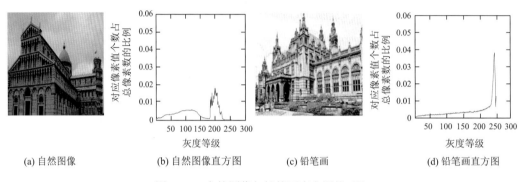

(a) 自然图像　　　　(b) 自然图像直方图　　　　(c) 铅笔画　　　　(d) 铅笔画直方图

图 3.4-1　自然图像与铅笔画直方图的对比

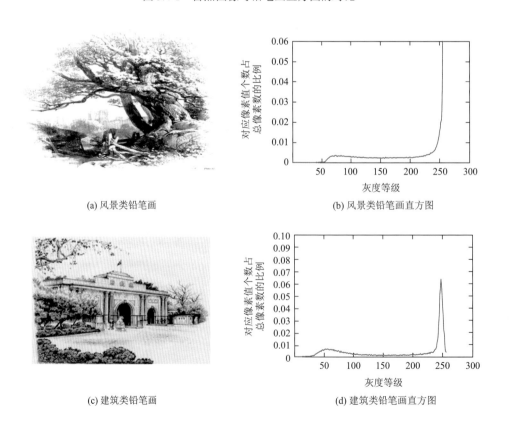

(a) 风景类铅笔画　　　　　　　　　　(b) 风景类铅笔画直方图

(c) 建筑类铅笔画　　　　　　　　　　(d) 建筑类铅笔画直方图

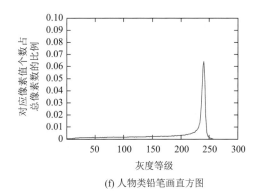

(e) 人物类铅笔画　　　　　　　　　　　　　(f) 人物类铅笔画直方图

图 3.4-2　不同类别的铅笔画直方图不同

1. 各类绘画作品直方图统计

直方图是一种用来统计每个灰度等级像素值的分布情况的图，一般横坐标表示 0～255 的灰度等级，纵坐标表示该灰度级的像素值分布个数或者分布个数占总像素数的比例。

在铅笔画绘制中，可以利用直方图来反映整幅画作的色调灰度分布情况，在各类画作的直方图统计中，本节搜集了大量的铅笔画作品并进行分类，主要分为三大类：风景类、建筑类、人物类。进行直方图的统计时，每一类中每幅铅笔画的直方图需要在同一坐标系中显示，将在同一坐标系中的统计结果拟合成一条曲线当作该类铅笔画的拟合直方图，并应用于后续的色调直方图匹配，得到符合现实绘画的色调图。

2. 直方图匹配效果

直方图匹配也称作直方图规定化，简单来说，直方图匹配就是把原图的直方图按照给定的目标直方图加以映射，得到类似于目标直方图的直方图，目标直方图也可以是一个函数。

本节分别选取了搜集的图片中的风景类、建筑类、人物类各一张作为直方图匹配实例，直方图匹配的结果图就是我们所需要的色调图，此色调图是严格按照现实生活中画家所画铅笔画进行匹配的，具有根据性。

1）风景类

本节搜集了大量如图 3.4-3 所示的风景类铅笔画图片，分别对每幅图片进行直方图绘制并对当前类的风景图进行直方图曲线的拟合，得到拟合曲线，如图 3.4-4 所示。

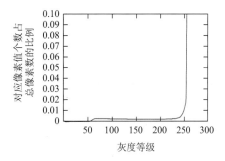

图 3.4-3　风景类铅笔画例图　　　　　　图 3.4-4　风景类铅笔画拟合直方图

作出直方图拟合曲线后，采取了直方图匹配的步骤进行色调图的生成。风景类图片经过直方图匹配之后的效果展示如图 3.4-5 所示，从中可以看出，直方图匹配后的色调图［图 3.4-5（c）］与搜集的风景类的铅笔画色调比较接近。

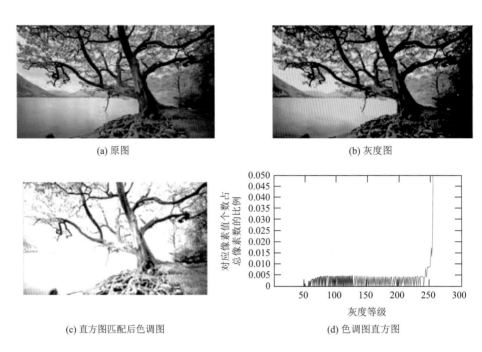

(a) 原图   (b) 灰度图

(c) 直方图匹配后色调图   (d) 色调图直方图

图 3.4-5   风景类图片直方图匹配效果图

2）建筑类

建筑类铅笔画经常出现在艺术者的笔下，从古代开始就有许多绘画大家进行经典建筑的绘制，作为绘画的基础，更有许多学生进行建筑类的写生，这也是建筑系学生的必修课。本节搜集了大量的结构比较典型的建筑类铅笔画，如图 3.4-6 所示。最终的建筑类铅笔画拟合曲线如图 3.4-7 所示，建筑类图片直方图匹配后的色调图如图 3.4-8（c）所示。

图 3.4-6   建筑类铅笔画例图

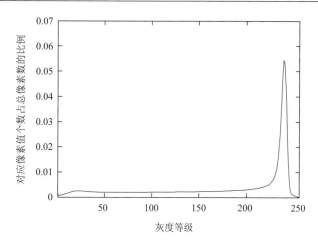

图 3.4-7　建筑类铅笔画拟合直方图

(a) 原图　　　　(b) 灰度图　　　　(c) 直方图匹配后色调图　　　　(d) 色调图直方图

图 3.4-8　建筑类图片直方图匹配效果图

3）人物类

最典型的人物类铅笔画就是大家所熟知的肖像画，肖像画分为头像、全身像、半身像、群像等[16]。本节搜集的人物图主要是头像肖像画，其实例如图 3.4-9 所示，通过直方图统计得到的人物类铅笔画拟合曲线如图 3.4-10 所示，人物类图片直方图匹配后的色调图如图 3.4-11（c）所示。

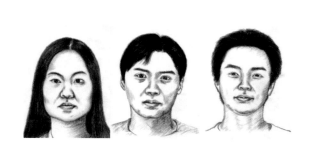

图 3.4-9　人物类铅笔画例图

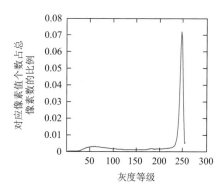

图 3.4-10　人物类铅笔画拟合直方图

(a) 原图　　　　(b) 灰度图　　　　(c) 直方图匹配后色调图　　　(d) 色调图直方图

图 3.4-11　人物类图片直方图匹配效果图

3.4.2　纹理噪声图形成

在利用 LIC 算法实现纹理生成的过程中，噪声图的形成十分重要，许多研究者都会在噪声图的形成上做文章，如刘磊等[15]就提出了一种自适应的噪声图生成，该方法利用对输入图像加上自适应的高斯噪声来替换传统的白噪声，图 3.4-12 所示为其生成噪声图的效果图。Lu 等[9]在论文中提到了纹理块合成的算法，通过反复描绘来实现背景纹理图的效果。刘磊等[15]的噪声图中噪声的分布太过疏浅，不够密致，会使最后形成的铅笔画形成一种纹理不明显的感觉。而 Lu 等[9]的铅笔画形成纹理不是通过 LIC 来实现的，没有噪声图的生成，自然缺少纹理的呈现。

(a) 原图　　　　　　　　　(b) 噪声图

图 3.4-12　文献[15]的噪声图生成

本节噪声图是通过图像的色调图来指导生成的，模仿画家在画纸上反复描摹，其描摹次数越多，铅笔画颜色越深，反复描摹次数可以看作算法的迭代相乘运算。基于此，假设一个随机噪声图 R_noise 经过多次迭代相乘，迭代相乘次数为 β，随着 β 值的不断变化，噪声效果图也发生变化，即迭代相乘后的噪声图有了色调的明暗关系，如图 3.4-13 所示。其中图 3.4-13（a）是随机生成的数值区间为[0, 1]的噪声图，图 3.4-13（b）~图 3.4-13（g）是随机噪声图经过 β 次迭代相乘后的噪声图，表示为 R_noise$^\beta$ 图。可以看出，随着 β 值的增大，最后形成的噪声图色调越来越暗。

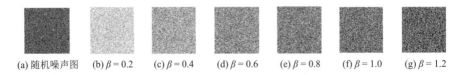

(a) 随机噪声图　(b) $\beta = 0.2$　(c) $\beta = 0.4$　(d) $\beta = 0.6$　(e) $\beta = 0.8$　(f) $\beta = 1.0$　(g) $\beta = 1.2$

图 3.4-13　β 值与噪声图色调明暗的关系图

　　由于色调图也是颜色深浅的表达，因此可以通过随机噪声图的 β 次方来拟合贴近直方图匹配后的色调图 J，达到色调图指导噪声图生成的目的。具体用法使用式（3.4-1）来说明：

$$R\_noise^{\beta} \approx J \tag{3.4-1}$$

式中，R_noise 是随机生成的一幅与输入图像尺寸相同的噪声强度值为 0～1 的噪声图；J 为进行直方图匹配后形成的与画家所画铅笔画明暗程度相似的色调图。

　　式（3.4-1）转化为对数形式则为式（3.4-2）：

$$\beta_{(i)} \ln R\_noise(i) \approx \ln J(i) \tag{3.4-2}$$

式中，i 为当前像素。

　　可以把式（3.4-2）优化为式（3.4-3）：

$$\beta'' = \arg\min_{\beta} \left\| \beta \ln R\_noise - \ln J \right\|_2^2 + \lambda \left\| \nabla \beta \right\|_2^2 \tag{3.4-3}$$

式中，$\lambda \left\| \nabla \beta \right\|_2^2$ 的作用是去噪，保持整个 β 平滑、稳定，依据经验，λ 设置为 0.2。式（3.4-3）可以转换成标准线性方程，然后利用共轭梯度法对标准线性方程进行求解。求出 β'' 之后，经过式（3.4-4）得到最终的噪声图，整幅噪声图与 β'' 的关系不可分割，而 β'' 最主要由色调图 J 求得，因此可以说色调图指导噪声图的形成。

$$noise\_map = R\_noise^{\beta''} \tag{3.4-4}$$

　　噪声图的产生对最终形成的铅笔画的纹理至关重要，一个符合原输入图像的噪声场的形成会使铅笔画的纹理生动许多，更加贴近画家所画的铅笔画纹理。如图 3.4-14 所示，为本节的噪声图实现结果。

(a) 原图　　　　　　　　　　　　　(b) 噪声图

图 3.4-14　原图与噪声图

　　由于噪声图与色调图也是有关系的，所以噪声图的形成也可以通过控制 β'' 的系数 α 来控制噪声场的色调深浅。本节把不同控制系数组成的噪声场称为噪声图，用 noise_map 来表示，则其表达式就可写为 noise_map=R_noise$^{\alpha\beta''}$，图 3.4-15 就形象地说明了不同控制系数 α 生成的噪声图的色调深浅也不相同，图 3.4-15 分别将 α 取值为 0.3、0.8、1.0、2.0，α 的取值范围可以为（0, +∞]。虽然原则上随着控制系数 α 的增大，色调也变得越来越深，但 α 的取值还需适当，取值太大也没有什么意义。

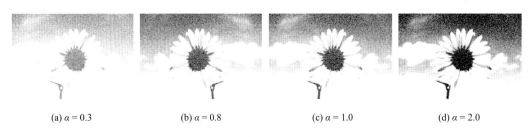

(a) α = 0.3　　　　　(b) α = 0.8　　　　　(c) α = 1.0　　　　　(d) α = 2.0

图 3.4-15　不同控制系数下的噪声图（noise_map）

3.4.3　纹理方向的形成

铅笔画的纹理方向是计算机模拟绘制铅笔画领域的研究者所关心的问题之一，如 Lu 等[9]的铅笔画的生成缺少纹理方向，刘磊等[15]的铅笔画纹理方向固定单一。现实生活中，画家在画一幅铅笔画的时候都会考虑到笔刷纹理的方向，不会只做出一种方向上的纹理。为了使模拟绘制生成的铅笔画具有不同方向的纹理效果，本节使用图切割算法[17]把图像分割成合适的区域（本节一般分成 5 个区域），针对每个区域形成不同的纹理方向。

图 3.4-16 为单个纹理方向例图。本节选取 α 为 5.0 的噪声图，并对噪声图利用 LIC 算法分别形成单个纹理方向图，手工选取纹理线条的角度为 0°、30°、–30°、60°、90°方向的单个纹理方向图。图 3.4-16 为 30°单个纹理方向图及–30°单个纹理方向图。

(a) 30°纹理方向　　　　　　　　(b) –30°纹理方向

图 3.4-16　单个纹理方向例图

图 3.4-17 为利用图切割算法分割图像为 5 个区域的示意图和最后的纹理图结果。从图中可以看出，对应区域被分布了不同方向的纹理，纹理效果比较自然。

(a) 区域分割图　　　　　　　　(b) 纹理图

图 3.4-17　区域分割图与纹理图

3.4.4　生成彩色铅笔画

从一开始的纯黑色铅笔，到现在市场上非常流行的彩色铅笔，以及特别流行的各种彩色铅笔涂色书，都足以说明彩色铅笔画越来越受到人们的关注，因此其研究也是大势所趋。

在现有的彩色铅笔画的实现方法中，有人采用彩色图之间的色彩传递[18]，有人采用彩色图与灰度图之间的色彩传递[19]，还有人采用直接给灰度图加上颜色的方法[20]，他们对如何用简单的几种颜色表现出铅笔画丰富的画面感进行了分析研究，并采用相应的仿真方法进行了仿真模拟。这些方法主要包含两个步骤，分别是量化色彩和混合色彩。量化色彩是基于原始输入图像的连续色彩，把输入图像的基本色彩做一个集合，把集合后的色彩进行量化。混合色彩就是为了使一幅图像表现出丰富的具有色彩感的铅笔画效果，而需要把上步所说的基本色彩进行混合，该混合是一种光学上的混合，最后加上纹理特征来表现结果图的色彩信息，形成一幅彩色铅笔画。

本节彩色铅笔画的生成算法与传统的彩色铅笔画生成算法有所区别，该方法比较易于实现且与所处理的原始图像颜色效果更加一致，本节彩色铅笔画算法是通过把原图像转化到 YUV 空间，用灰色铅笔画代替原图像的亮度通道（Y 通道），原图像的 U、V 通道值保持不变，然后转换到 RGB 空间，最后形成具有饱满形象感的彩色铅笔画。

3.5　实验结果与分析

基于前面所讲述的铅笔画实现的大致流程，经过改进创新后，我们得到一个可以较好地实现铅笔画合成的算法，效果如图 3.5-1 所示。此算法弥补了以往算法的不足之处，又进一步延伸了铅笔画的研究内容。

3.5.1　绘制内容指导的铅笔画风格实现实例

(a) 风景图

(b) 建筑图

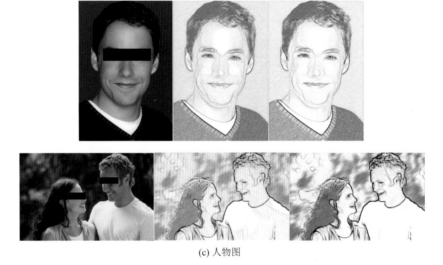

(c) 人物图

图 3.5-1　本章算法铅笔画效果图

3.5.2　绘制参数对铅笔画绘制效果的影响

铅笔画绘制效果受多种因素的影响，如 α 值、噪声图效果、笔刷长度等。

1. 噪声控制系数 α 值对铅笔画效果的影响

3.4.2 节中叙述了控制系数 α 对铅笔画噪声图色调的影响，α 值越大，噪声图色调颜色就越深，最终形成的铅笔画纹理色调也越深。以云南大学的余味堂作为原图像来实现的铅笔画为例，α 依据经验分别取值为 1.0、5.0，其结果图如图 3.5-2 所示，α 取值为 5.0 的铅笔画结果图色调比 α 取值为 1.0 的铅笔画结果图要深。

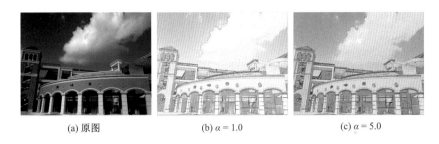

(a) 原图　　　　　　　　(b) $\alpha = 1.0$　　　　　　　(c) $\alpha = 5.0$

图 3.5-2　铅笔画结果图

2. 噪声图对铅笔画效果的影响

文献[15]通过对输入图像加上自适应的高斯噪声来替换传统的白噪声，实现噪声场。从与文献[15]的噪声图比较（图 3.5-3）中可以看出，本章的噪声图噪声点的分布相对来说比较集中，文献[15]的噪声图噪声点的分布比较稀疏，不太密集，最后形成的铅笔画纹理不太明显。

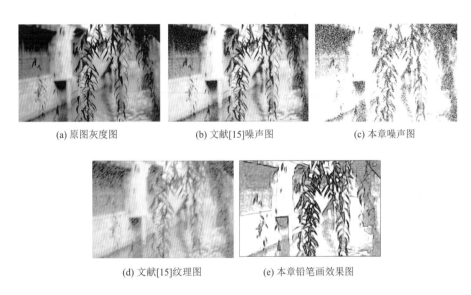

(a) 原图灰度图　　　　　(b) 文献[15]噪声图　　　　　(c) 本章噪声图

(d) 文献[15]纹理图　　　　　(e) 本章铅笔画效果图

图 3.5-3　噪声图比较

3. 笔刷长度对铅笔画效果的影响

笔刷的形成通过线积分卷积来实现，线积分卷积模板的大小可以看作铅笔画形成时笔刷的长度，笔刷长度在调节的时候同样需要注意，笔刷的质感可以影响最终铅笔画形成的效果图。如果笔刷较短，则会给人凌乱并且不贴近现实生活的画家所绘制铅笔画手法的感觉。如果笔刷较长，则给人一种死板、不生动的视觉体验。因此，选择合适的笔刷长度是十分必要的。以图 3.5-4 中的天空部分为例，分别设置笔刷长度为 10 像素点、30 像素点、80 像素点来观察笔刷长度对整幅铅笔画效果的影响。

(a) 笔刷长度为10像素点　　　(b) 笔刷长度为30像素点　　　(c) 笔刷长度为80像素点

图 3.5-4　不同笔刷长度铅笔画结果图

为了更加方便地看到实现结果，对每一幅不同笔刷长度的铅笔画取如图 3.5-5 所示的矩形区域部分作为放大区域，细节放大结果如图 3.5-6 所示。从图中可以看出，笔刷长度为 10 像素点的铅笔画纹理有些凌乱、琐碎，笔刷长度为 80 像素点的铅笔画纹理过长而显得死板、不生动，笔刷长度为 30 像素点的铅笔画纹理则比较贴近画家所绘制的笔刷手法。

(a) 笔刷长度为10像素点　(b) 笔刷长度为30像素点　(c) 笔刷长度为80像素点

图 3.5-5　细节放大选取区域　　　　图 3.5-6　不同笔刷长度铅笔画细节放大图

4. 纹理方向效果对比

图 3.5-7 所示为文献[21]和[9]及本章的铅笔画效果图，从纹理效果对比来看，文献[21]的效果图显得凌乱不堪，文献[9]的效果图有其优点但也有不足之处，如笔刷没有方向感。本章的纹理形成不会有文献[21]所示的线条凌乱感，比文献[9]多加入了纹理方向。

(a) 文献[21]效果图　　　　(b) 文献[9]效果图　　　　(c) 本章效果图

图 3.5-7　效果图对比

3.5.3　与其他铅笔画绘制算法的比较

本章的实验结果图与文献[15]的结果图对比如图 3.5-8 所示，文献[15]利用 LIC 方法生成的笔刷方向固定，只有一种纹理方向，而本章的方法则很好地实现了铅笔画的不同纹理方向。

(a) 文献[15]的结果图　　　　　　　　　　(b) 本章结果图

图 3.5-8　与文献[15]的结果图对比

本章的实验结果与文献[9]的结果图对比如图 3.5-9 所示，文献[9]生成的铅笔画效果图不具有纹理方向性，色调偏淡。而本章的方法不仅实现了铅笔画的不同纹理方向，而且铅笔画色调深浅可以调控。

(a) 原图　　　　　　　　(b) 文献[9]的结果图　　　　　　　　(c) 本章结果图

图 3.5-9　与文献[9]的结果图对比

3.6　本 章 小 结

本章主要介绍了一种把输入的原图像处理成具有铅笔画风格图的非真实感绘制技术，本章按照画家在绘制铅笔画时的步骤：轮廓线的绘制、纹理图的绘制来进行模拟。

首先，本章讲述了计算机视觉中真实感绘制与非真实感绘制的研究内容以及它们之间的不同之处，明确了本章的研究背景及意义。还讲述了非真实感绘制技术中一个重要的分支：具有铅笔画风格图的绘制及铅笔画绘制技术当前的研究状况。然后，通过铅笔画绘制的框架图，让读者对铅笔画的绘制流程有了直观且清晰的认识，并介绍了图像处理中不可缺少的内容，即铅笔画预处理的方法——L0 平滑滤波法，此平滑滤波方法的应用使铅笔画绘制技术既达到了图像平滑滤波去噪的效果，又使轮廓线条的形成有了可控制细节的功能。

　　其次，本章详细介绍了铅笔画绘制中最关键的两大步骤之一的轮廓图的绘制，轮廓图绘制的步骤就是先利用输入图像求出梯度图，并对梯度图做 8 个方向上的线条卷积，卷积之后取最大值方向上的梯度值作为此方向上的轮廓响应图，得到响应图之后，再次与 8 个方向上的线条进行卷积并累加，如此便得到了所需的类似于画家所画的具有交叉感的轮廓线条图，此轮廓线条图更加贴近于生活中绘制铅笔画线条的手绘图。

　　再次，本章详细讲述了铅笔画绘制中最关键的两大步骤之二的纹理图绘制，在绘制纹理图之前，最重要的一步就是色调图的形成。本章通过搜集大量的画家画作，并分析不同绘画主题的不同表现方式，分出不同种类的铅笔画，有风景画、人物画、建筑画，并分类统计它们的直方图分布结果，发现同一类别的图像具有相似的直方图。按照类别分别拟合出一条直方图曲线，最后分类进行匹配得到不同类别的不同色调图。由于画家在绘制人物图的时候，前景人物才是重点考虑对象，背景一般会忽略，所以对于需要布局调整的图像，本章采取前景、背景分离的方法，着重抓人物前景。

　　最后，本章采用 LIC 方法实现铅笔画纹理图有方向的绘制，色调图指导噪声场的生成，并分区域来生成不同纹理方向。最后将铅笔画轮廓图与带有方向的纹理图进行叠加运算，从而合成我们所需要的铅笔画。彩色铅笔画的生成是通过把输入原图像转化到 YUV 空间，并单独把灰色铅笔画传入亮度通道（Y 通道），最后转化到 RGB 空间实现的。

参 考 文 献

[1]　王凌云，潘齐欣. 基于图像的铅笔画模拟绘制技术综述[J]. 电脑知识与技术，2014，10（25）：5976-5978.

[2]　王甦勤，张子清，许永年. 一个通过交互式计算机绘图系统[J]. 华东化工学院学报，1993，19（1）：46-50.

[3]　Vermeulen A H，Tanner P P.PencilSketch-A pencil-based paint system[C]//Proceedings of Graphics Interface，London，1989：138-143.

[4]　Cabral B，Leedom C. Imaging vector fields using line integra convolution[C]//Proceedings of the 20th Annual Conference on Computer Graphics and Interactive Techniques，Anaheim，1993：263-270.

[5]　Mao X，Nagasaka Y，Imamiya A. Automatic generation of pencil drawing from 2D images using line integral convolution[C]//Proceedings of the Seventh International Conference on Computer Aided Design and Computer Graphics，London，2001：240-248.

[6]　Yamamoto S，Mo X，Imamiya A. Enhanced LIC pencil filter[C]//Proceedings of the International Conference on Computer Graphics，Imaging and Visualization，Penang，2004：251-256.

[7]　DeCarlo D，Santella A. Stylization and abstraction of photographs[J]. ACM Transactions on Graphics，2002，21（3）：769-776.

[8]　Son M，Kang H，Lee Y，et al. Abstract line drawings from 2D images[C]//15th Pacific Conference on Computer Graphics and Applications（PG'07），Maui，2007：333-342.

[9]　Lu C W，Xu L，Jia J Y. Combining sketch and tone for pencil drawing production[C]//Proceedings of the Symposium on Non-Photorealistic Animation and Rendering，Annecy，2012：65-73.

[10]　孙丹丹，唐棣. 应用运动模糊方法仿真铅笔画纹理[J]. 计算机工程与设计，2009，30（24）：5689-5691.

[11]　李智慧，范铁生，唐春鸽，等. 具有层次素描纹理的素描画绘制方法[J]. 计算机应用，2012，32（10）：2851-2854.

[12]　谢党恩，张志立，徐丹. 一种改进的二维彩色铅笔画自动绘制算法[J]. 计算机应用与软件，2013，30（8）：28-31.

[13]　Xu L，Lu C，Xu Y，et al. Image smoothing via L_0 gradient minimization[J]. ACM Transactions on Graphics，2011，30（6）：1-12.

[14]　曹鹏涛，张敏，李振春. 基于广义 S 变换及高斯平滑的自适应滤波去噪方法[J]. 石油地球物理勘探，2018，53（6）：1128-1136，1187，1109.

[15]　刘磊，陈越，盛蕴，等. 基于自适应噪声模型和线积分卷积的铅笔画模拟[J]. 图学学报，2015，36（1）：77-82.

[16]　陈洪，郑南宁，梁林，等. 基于样本学习的肖像画自动生成算法[J]. 计算机学报，2003，26（2）：147-152.

[17]　Boykov Y Y，Jolly M P. Interactive graph cuts for optimal boundary & region segmentation of objects in N-D images[C]//Proceedings of Eighth IEEE International Conference on Computer Vision，Vancouver，2001：105-112.

[18]　Reinhard E，Ashikhmin M，Gooch B，et al. Color transfer between images[J]. IEEE Computer Graphics and Applications，2001，21（5）：34-41.

[19]　Welsh T，Ashikhmin M，Mueller K. Transferring color to greyscale images[J]. ACM Transactions on Graphics，2002，21（3）：277-280.

[20]　Levin A，Lischinski D，Weiss Y. Colorization using optimization[C]//Proceedings of ACM SIGGRAPH，Los Angeles，2004：689-693.

[21]　Sun S，Huang D. Efficient region-based pencil drawing[J]. Computer Engineering and Applications，2007，43（14）：34-37.

第4章 实例图像上色

图像上色指为输入单色图像中的每个像素合理分配并感知颜色的过程。图像上色不仅可以赋予老旧照片新的意义，还可以使现阶段的彩色照片产生新的视觉冲击。图像上色应用广泛，有老旧照片上色、卡通动漫上色和自然场景上色等。此外，图像上色研究有利于加深机器对图像颜色的理解，如图像色彩辅助图像情感识别，不同的颜色搭配可以表达不同的情感状态，进一步辅助多模态情感分析任务等。

4.1 实例图像上色研究现状

作为一种强力的计算机视觉辅助任务，实例图像上色在近年来已得到广泛的研究。图像上色一般可粗略划分为两大类：传统上色方法和深度学习上色方法。本节将对这两类实例图像上色方法的研究现状进行阐述。

4.1.1 传统上色方法

Qu 等[1]提出一种人为交互上色方法，该方法能够有效对包含大量笔画、阴影、半色调的黑白漫画进行上色。他们使用区域分割来保留笔触上色，但在区域划分较多的图像中仍出现颜色溢出问题且上色完成时间较长。为了缩短上色时间，受画家实际上色过程启发，窦智等[2]利用 HSV 颜色空间作为辅助信息，对图像进行监督训练，提供少量的色彩提示，快速实现对应图像上色，极大地缩短了上色所需时间，但 HSV 监督信息对复杂图像作用较低，常在边界周围出现颜色溢出。为了减少颜色溢出，Liu 等[3]提出一种通过参考图像获得固有反射率颜色来绘制灰度图像的新方法，该方法借助固有图像的分解来减少亮度的影响，效果得到了显著提升，但该方法仅限于从相似方向观看具有相同场景的图像作为参考源，当目标图像和参考图像场景不一致时，无法正确上色而导致颜色溢出。为了减少对参考图像语义相似性的依赖，Chia 等[4]提出一种新的参考图像上色方法，使用图像滤波，实现对参考图像的颜色准确迁移，但该方法在细尺度结构的图像边界中，依然存在颜色溢出现象。综上，传统上色方法常存在颜色溢出、上色时间长和鲁棒性差等问题。

4.1.2 深度学习上色方法

为了解决传统上色方法中存在的上色时间长、效果不佳和鲁棒性差等问题，近年来，在深度学习领域也出现了各种各样的上色方法，相较于传统学习，深度学习可以通过复杂的网络来拟合真实图像的颜色数据分布，从而提升它们的上色质量。Zhang 等[5]首次提出一种基于用户指导的上色方法，该方法直接将灰度图像以及稀疏的局部用户"提示"映射到卷积神经网络上，从而输出上色结果。该网络没有使用手工定义的规则，而是通过融合低级信息和从大规模数据中学习到的高级语义信息推荐用户可能最感兴趣的颜色信息，从而达到令人满意的上色效果。

Zhang 等[6]基于每个像素的颜色分布，使用多项式交叉熵损失进行训练和平衡稀有类，上色结果丰富多样，但该网络缺少语义识别机制，不能准确处理图像语义内容，出现上色偏差，且产生颜色溢出。为了提升语义识别能力、减少颜色溢出，Zhao 等[7]使用了语义分割和上色分层结构来增强图像语义理解能力，从而减少语义混淆。此外，Zhao 等[7]所提的网络联合双侧双采样层成功地保留了推理时的边缘颜色，在很大程度上削弱了语义混淆和边缘颜色溢出两个问题。为了解决图像迁移上色中出现的颜色偏差，Zou 等[8]提出了一种中性颜色校正处理算法，可以处理多色域图像之间颜色转移而产生的偏差，该算法基于 $L^*a^*b^*$ 颜色空间，利用原始图像中每个像素的饱和度作为颜色传递的权重，调整图像传递结果的权重。该方法在保持多色图像之间颜色转移效果的同时保持了原始图像的中性色，避免了颜色传递引起的颜色偏差，保证了上色的质量和自然真实性。

深度学习上色对比传统上色，在上色质量提高、缩短同类上色方法所需时间的同时提升了上色鲁棒性。但深度学习上色依然存在颜色溢出，当网络不能准确拟合真实图像的色彩分布时，出现语义内容对应不正确的现象，从而产生颜色溢出。此外，深度学习上色中还存在颜色偏差和颜色暗淡等问题。与上述方法不同的是，本章所提的极化实例着色网络（polarized instance coloring network，PICN）结合了目标检测网络，提升了网络对图像实例上色的学习能力，减少了背景对前景上色的影响；此外，PICN 结合了极化自注意力机制，使网络学习到语义目标位置和颜色，约束颜色溢出；最后，PICN 结合融合模块，使全局和实例图像的上色结果更好地融合在一起，提升了上色质量。

4.2　主要思想和研究工作

由于人类视觉系统对图像上色的高度敏感性，实例图像上色研究一直是一项长期挑战。如何构建一个使上色结果更自然的网络模型是本章的主要研究工作。对现有的实例图像上色算法进行深入的分析和实验复现后，本章总结了以下几个需要重点解决的问题。

（1）颜色溢出问题。无论在卡通动漫还是自然场景上色中，机器在对图像进行颜色像素分配及传播时，需要高细粒度精准地分配和传播，而不仅仅只是确认上色的物体，对物体的语义边缘也需要精准地确认，以防止颜色溢出。

（2）颜色暗淡问题。首先，由于网络的深度不够，不能充分提取原图像的特征，导致颜色信息丢失，影响色彩的丰富性；其次，数据集有限导致网络没有学习到丰富的颜色信息；最后，计算机资源有限，在很大程度上限制了网络深度和数据集数量。

（3）颜色偏差问题。若以有监督的方式进行训练，则希望上色结果尽可能接近真实图像，因此颜色偏差问题应根据不同的上色算法和上色物体来评价。

（4）冗余色斑问题。非交互式着色在颜色预测阶段未能正确学习到图像的颜色和位置信息，导致颜色和目标对应错误，从而出现冗余色斑。

（5）着色暗淡问题。非交互式着色基于深度卷积神经网络，随着网络的加深，卷积层提取特征的不充分造成中间层的颜色、细节等信息丢失，最终导致着色暗淡。

针对上述问题，本章构建了两个图像上色网络，能够完成实例图像的上色任务。

（1）极化自注意力约束颜色溢出的图像自动上色。首先，将前景中的实例和背景分开，降低背景对前景的上色影响，从而减少前景和背景之间的颜色溢出；其次，极化自注意力模块把特征分为颜色通道和空间位置两部分，使上色更加准确、具体，从而减少全局图像、实例对象内的颜色溢出；最后，结合融合模块，将全局特征和实例特征通过不同权重融合为一体，完成最终上色。

（2）结合细粒度注意力机制的实例图像上色。针对冗余色斑，本节将图像特征分为颜色通道和空间位置两部分，颜色通道学习图像的颜色特征，空间位置学习图像的位置特征，两者结合拟合图像颜色与空间位置的非线性关系，使颜色与图像位置对应正确，从而约束冗余色斑；针对着色暗淡，本节借鉴光学摄影中的 HDR 原理，选择小感受野的卷积核从不同方向增强或抑制图像颜色特征，并结合 Softmax 进行动态映射，增大颜色特征范围，以此提高对比度，从而使着色鲜艳、明亮；针对颜色偏差，本节将不同非线性基函数进行组合，Sigmoid 增加网络对非线性颜色的表达，Softmax 使网络输出最优的颜色解，以此拟合出最接近真实图像的颜色分布，从而缩小颜色偏差。

本章研究的主要贡献可概括如下。

（1）本章提出一种新的上色网络——极化实例上色网络，该网络利用目标检测、极化自注意力、融合模块来辅助上色，提升图像实例上色细节，同时也约束背景和实例间的颜色溢出。

（2）据我们所知，极化自注意力机制在上色图像中首次被引入。该机制使上色对象准确、具体，削弱全局和实例图像中的颜色溢出。

（3）本章结合融合模块，将全局图像和实例图像在多尺度方向上进行融合，提升最终上色效果。

（4）本章提出一种新颖的着色网络——结合细粒度注意力机制的实例图像上色。该网络包括实例分割网络、全局颜色预测网络、实例颜色预测网络和融合网络四个部分实现非交互着色。

（5）本章提出一个新的注意力机制——细粒度自注意力（fine-grain self-attention，FGSA）。该注意力机制将图像特征分为颜色通道和空间位置两部分，两者的结合使网络着重学习图像颜色与位置间的非线性关系，从而缩小冗余色斑范围。此外，该注意力机制将颜色分为不同的通道并进行动态映射扩大范围，增强图像颜色特征，从而提升着色色彩。

（6）本章提出一个新的融合模块，该模块结合不同的基函数，在保证图像信息不丢失的同时，结合不同的非线性激活函数：Sigmoid 增加网络非线性表达能力，Softmax 映射出最接近真实图像的解，从而使网络输出最接近真实图像的颜色分布而缩小颜色偏差。

4.3　实例图像上色算法研究基础

本节主要围绕本章构建的两种图像上色网络来详细阐述模型主体框架的相关基础理论，包括卷积神经网络、目标检测和注意力机制。由于本章各个部分模型处理特征的差异性，我们选择了不同的神经网络来处理和传递特征信息。此外，本章所提出的两种模型的主体网络架构均为卷积神经网络模型。

4.3.1　卷积神经网络

卷积神经网络指包含卷积操作的连接模型，可视为多层感知机（multi layer perceptron，MLP）的改进，其主要思想来源于人类大脑神经元的功能作用。1998 年出现了 LeNet[9]，其作者定义了卷积神经网络中的几个主要操作，包含卷积、池化和全连接等，并采用 tanh[10] 作为非线性激活函数，如图 4.3-1 所示。

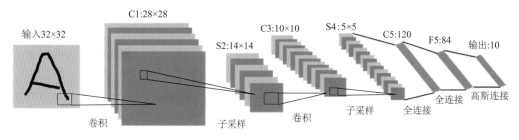

图 4.3-1　LeNet 结构图

2012 年，Krizhevsky 等[11]提出 AlexNet，如图 4.3-2 所示。为了避免梯度消失且加快网络优化速度，Krizhevsky 等[11]将激活函数 tanh 替换为 ReLU。此外，Krizhevsky 等[11]提出局部响应归一化和 Droupout，并利用主成分分析处理图像，从而有效避免了网络过拟合且降低了 TOP-1 和 TOP-5 的错误率（error rate）。

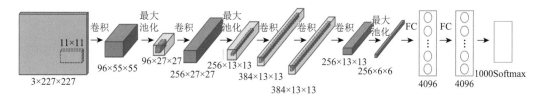

图 4.3-2　AlexNet 结构图

2014 年 Simonyan 和 Zisserman[12]提出了 VGG 系列模型，如图 4.3-3 所示，该模型在当年的公开数据集挑战赛上分别取得图像分类的最高分和图像定位的第二高精度。网络层数堆叠越多，网络越能拟合真实样本的分布，网络模型泛化性能也越好。相较于 AlexNet，VGG 在此基础上使用了更多的卷积和非线性激活函数，并且每个卷积模块都进行池化和归一化操作。与其他卷积神经网络相比，VGG 取消了通常采用的大卷积核策略，反而使用多个小卷积核来提升网络的拟合性能和降低网络的复杂度。

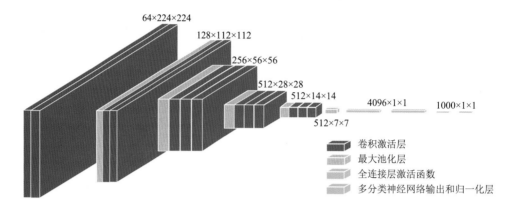

图 4.3-3　VGG-19 结构图

随后，Google 提出了 Inception[13]模块，如图 4.3-4 所示，构成了经典的 GoogLeNet，并且在同年的开源数据集挑战赛上取得图像分类和图像检测的最高分。此外，GooLeNet 也被称为 Inception V1，后续的研究工作也是在此基础上的不断延伸及优化。相较于 VGG，GoogLeNet 在网络训练过程中丢弃了全连接层，并采用另外一种策略即增加网络宽度来提升网络拟合性能。此外，在 Inception 模块结构中，Google 采用固定的卷积核并联取代了不同大小卷积核的串联，最后使用拼接操作合并不同感受野下的特征，从而实现网络的最优局部稀疏解。

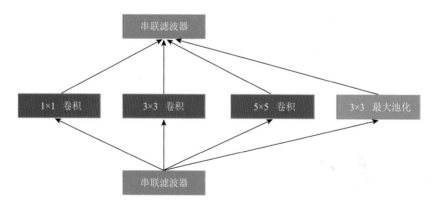

图 4.3-4　Inception 模块

2016 年，He 等提出了 ResNet[14]，如图 4.3-5 所示，该网络解决了网络深度的增加而带来的退化问题，为更深层的网络训练提供了一种解决思路。此外，该网络还在当年的 ImageNet 挑战赛上拿到四个主项目的第一名。虽然网络的堆叠也可以达到较理想的非线性拟合能力，但 ResNet 的提出增强了网络的鲁棒性，也更容易找到网络的最优解，并且巧妙的跳连接操作很好地避开了网络梯度消失问题。

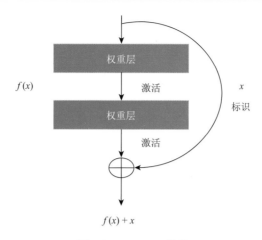

图 4.3-5　ResNet 结构

2017 年，来自著名常春藤名校联盟之一的康奈尔大学、我国九校联盟之一的清华大学和 Meta（前身 Facebook）的研究者联合提出 DenseNet[15]，如图 4.3-6 所示。与上述网络结构不同的是，DenseNet 既没有增加网络深度，也没有增加网络宽度，而是将每一个卷积层所得到的特征进行重复利用，这个操作在提升网络性能的同时也大大减少了网络计算量，保证了卷积层之间特征的有效传递。

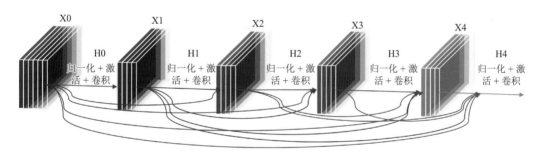

图 4.3-6　DenseNet 结构

注：X 表示特征图，H 表示包含的操作

由于上述网络对计算机资源的消耗较大，一般设备不足以支撑其训练。为了使网络模型轻量化，众多研究人员对网络进行了压缩，以此来降低计算量。2017 年，Howard 等[16]提出 MobileNet，如图 4.3-7 所示，后续不断对其进行优化，得到多种 MobileNet 版本。在 MobileNet 中，研究者根据深度可分离卷积实现网络轻量化。此外，为了让用户可以任意输入不同尺寸，Howard 等[16]结合了宽度乘数和分辨率乘数两个超参量，根据网络任务的目的是实现高速度还是高精度，又或者是两者平衡来自由选择。

2018 年，Zhang 等推出 ShffuleNet[17]，如图 4.3-8 所示，他们指出：网络结构计算量较大是由于卷积核参数设置较小。在 ShffuleNet 中，他们利用组卷积、深度可分离卷积、点式组卷积来避免大量 1×1 卷积计算，并使用通道转换缓解由组卷积带来的副作用，在残差模块的基础上设计了网络结构，使网络计算量减少的同时仍能保持较好的性能。

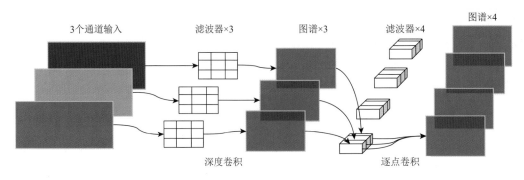

图 4.3-7　MobileNet 结构

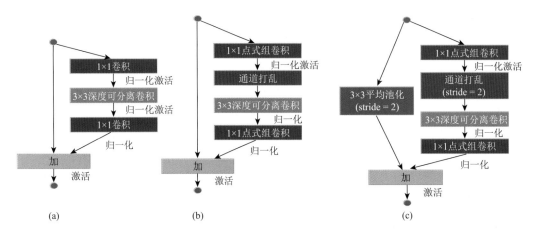

图 4.3-8　ShffuleNet 结构

　　综上所述，卷积层是卷积神经网络的主要架构，卷积又是卷积层的核心，其可以看作数学运算中的一种方式，通过调整卷积核的参数可以得到输入变量的不同信息，因此卷积核也被称为权重过滤器。卷积神经网络的目的就是根据生成任务找到最满足需求的神经元参数，以此来赋予不同的权重参数，从而得到令人满意的网络输出。为了实现输入图像和卷积核高效匹配、捕捉图像更多特征信息，通常对图像尺寸进行扩展，一般采用全零补充。此外，为了实现网络非线性拟合，常常在卷积网络中结合非线性激活函数。

　　除了网络结构之外，损失函数也被用于评估网络性能，一般通过计算网络生成值和目标值差异，并将差值反向传播以指导网络训练，这也可以视为损失函数迭代优化过程。通常，当网络任务的目标是拟合最接近真实样本的分布时，损失函数越小，网络性能越优，反之亦然。此外，在损失函数中结合正则项也是用于避免网络过拟合的一种手段。

4.3.2　目标检测

　　目标检测指计算机检测到图像某种实例对象区域。目标检测的应用较为广泛，如人脸、车辆、行人计数、自动驾驶、医疗领域和工业检测等。在人脸中，目标检测可用于商业活动、支付、刑事鉴定、手机人脸识别、与绑定物体人脸识别、商业推广活动、手机个人消费习惯和人脸绑定、推荐消费等。在车辆中，用于智能交通、交通判断情况、自动驾驶、机器人视觉、送菜机器人等；在行人计数中，用于判断交通信号、判断行人的反应、夜间交通、检测开会人数等；在自动驾驶中，用于自动驾驶系统，判断交通状况做出反应；在医疗领域中，用于医学影像识别；在工业检测中，在产品的生产过程中，由于原料、制造业工艺、环境因素的影响，产品有可能产生各种各样的问题，其中一部分是所谓的外观缺陷，即人眼可识别的缺陷，采用人工检测的方式进行识别，不仅消耗人力成本，也无法保障检测效果，工业检测就是利用计算机视觉技术中的目标检测算法，把产品在生产过程中出现的外观缺陷检测出来，达到提升产品质量、提高生产效率的目的。

目标检测是图像分类的进一步深化，一般可分为传统目标检测和深度学习目标检测两种。传统目标检测中，经典方法有维奥拉-琼斯检测器[18]、方向梯度直方图（histogram of oriented gradient，HOG）检测器[19]和基于可变形部件的模型[20]。传统目标检测一般分为区域选取、区域特征信息提取和训练分类三个步骤。为了准确定位图像中的目标，一种合理有效的方案是很有必要的。由于目标可以存在于图像中的任意区域，小于或等于图像尺寸，所以，采用无数不同尺寸和位置的框来对目标进行遍历定位，从而实现目标区域选择。虽然这种遍历方式可以定位到图像中的目标，但是这种方式时间效率低且准确率不高，大大降低了目标检测的实时性。此外，由于图像目标的大小和位置千变万化，选择一种网络来高效提取区域特征变得十分重要，好的区域特征对于目标检测的准确性能达到事半功倍的效果，常见的算法有尺度不变特征变换（scale invariant feature transform，SIFT）和 HOG。

深度学习目标检测通常分为对象分类和对象定位。对象分类可以理解为图像通过网络进行学习、训练，检测出图像中是否存在目标对象所属的范围区域，并将对应目标类别区域添加对应分数标签输出。对象定位为图像通过网络选择任务所感兴趣区域，并输出感兴趣区域的位置范围和框，框用来表示物体位置信息。

深度学习目标检测有两种主流方式，分别是一阶段式和两阶段式。一阶段式不需要进行区域选择，通过网络直接输出目标的位置、分数、区域和边界框，典型算法有 YOLO（you only look once）系列，如 YOLO[21]（YOLO v5 如图 4.3-9 所示）、SSD（single shot multibox detector，单步多框目标检测）[22]和 CorenerNet[23]。两阶段式需要产生对应的目标

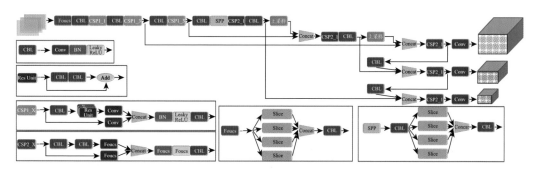

图 4.3-9　YOLO v5 网络结构图

候选区域，然后对候选区域进行分类和位置校正，输出对应目标的位置、区域、分数和边界框，典型算法有卷积神经网络 R-CNN（regions with CNN features，具有 CNN 特征的区域）[24]、Fast R-CNN[25]、Faster R-CNN[26]等，如图 4.3-10 所示。通常一阶段式由于不需要区域候选框，所以算法速度上占有优势，而两阶段式由于需要区域候选框，在速度上弱于一阶段式，但在算法精度上优于一阶段式。

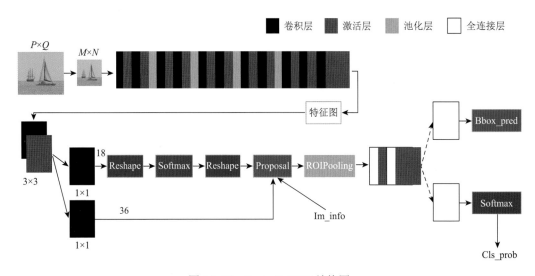

图 4.3-10　Faster R-CNN 结构图

4.3.3　注意力机制

注意力的产生源于人类的视觉特点，当没有什么任务要求时，人们观察一幅随机图像，一般只会观察图像中的显著区域和自己感兴趣的区域，但当带有任务目的时，会首先观察带有任务信息的区域。受上述观察的启发，研究者提出了注意力的概念。注意力机制可快速捕捉到最符合网络任务的信息，并赋予这些特征信息不同的权重。注意力机制可应用于不同的网络，在不增加网络计算量的前提下，实现网络特征权重的再分配。

注意力机制首先在自然语言处理中使用，以提高机器翻译的匹配精度，如图 4.3-11 所示，通过设计的注意力机制实现原语言和目标语言的正确对齐，可在很大程度上提升机器翻译的效果，并且在长句子翻译中占有显著的优势。早期深度学习的注意力机制通常通过掩码实现。掩码指图像通过网络的学习，将图像中需要关注的区域根据不同颜色深度标识出来，形成一张权重图，该权重图即为掩码，也就是注意力。

基于上述思想，可不断衍生出不同类别的注意力，如软性注意力和硬性注意力。软性注意力得到所有输入信息的平均值，硬性注意力得到所有输入信息中最符合网络需求的信息值。通常用软性注意力处理神经网络问题，而硬性注意力在选择信息的算法上不可微，通常更难训练，但可以借助强化学习提升硬性注意力的性能。

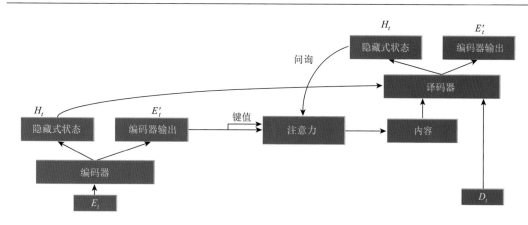

图 4.3-11　注意力机制用于机器翻译算法图

注：D_t 表示解码器，E_t' 表示编码器输出，H_t 表示隐藏式状态

在计算机视觉中，为了实现分向优化，捕捉特定方向的特征信息，通常将注意力分为通道注意力、空间注意力、位置注意力和混合注意力。通道注意力，首先要使用卷积神经网络来提取中间层图像特征，然后将注意力融合到网络通道中，对网络通道间的关系进行学习训练，只调整不同通道的权重，从而适应网络任务。空间注意力，用卷积神经网络提取中间图像特征，然后将注意力机制融合到网络通道中，对特征空间之间的依赖关系进行学习，实现自适应调整各空间的特征响应值，只需重新计算分配图像空间特征的权重。位置注意力，同样是用卷积神经网络提取中间层图像特征，捕获特征图空间中任意两个不同位置之间的关系，计算出对应的位置关系分数，最后给予高度相关位置的特征图高权重，相反，给予不相关位置的特征图低权重，实现位置的正确捕捉。混合注意力就是通道注意力、空间注意力和位置注意力之间的两种或者三种的并行或者串行组合而成的注意力机制。

4.4　极化自注意力约束颜色溢出的图像自动上色

4.4.1　引言

本节将着重介绍本章提出的极化自注意力约束颜色溢出的图像自动上色算法的主要研究工作，包括网络框架、损失函数的设计和实验过程与分析几个方面。

首先，将前景中的实例和背景分开，降低背景对前景的上色影响，从而减少前景和背景之间的颜色溢出；其次，极化自注意力模块把特征分为颜色通道和空间位置两部分，使上色更加准确、具体，从而减少全局图像、实例对象内的颜色溢出；最后，结合融合模块，将全局特征和实例特征通过不同权重融合为一体，完成最终上色。

4.4.2　网络框架

本节提出的图像上色模型由目标检测网络、色彩通道预测网络、极化自注意力模块和融合模块四个部分组成，整体框架如图 4.4-1 所示。其中，目标检测网络将图像中的实例和背景分开，减少背景对实例图像上色的影响，从而约束背景和前景间的颜色溢出；色彩通道预测网络是实现全局图像和实例图像上色最直接和最重要的一步，该网络对输入的全局和实例图像进行 a^*b^* 色彩通道预测，a^*b^* 色彩通道预测图像和原来的灰度图像叠加就得到了 $L^*a^*b^*$ 空间的彩色图像；极化自注意力模块将图像特征分为颜色通道和空间位置两部分，让 a^*b^* 通道图像中的颜色预测更加具体和准确，从而降低全局和实例图像中的颜色溢出；融合模块将全局和实例图像中提取到的颜色特征进行融合，在保持全局上色结果和提升实例上色细节的同时也消除背景对实例的影响，最终完成灰度图像的上色，输出无颜色溢出的彩色图像。

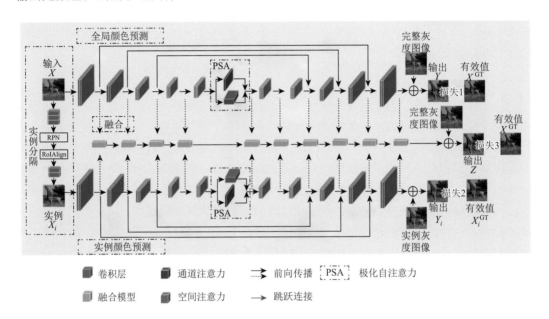

图 4.4-1　极化实例上色网络

注：RPN 为区域选择网络（region proposal network）

为了缩短训练时间且提升上色质量，本节使用迁移学习思想，分以下四步训练整个上色网络。

（1）本节直接用预训练好的目标检测网络检测分割所需的训练集，输出训练集的实例图像和框。

（2）将在 ImageNet 数据集上训练好的模型作为全局图像颜色预测训练的初始模型，训练 150 轮次，并保存当下模型参数。

（3）第（2）步最后训练保存的模型参数又作为实例图像颜色预测训练的初始模型，并保存 150 轮次训练下的模型参数［该阶段训练不更新第（2）步的模型参数］。

（4）将全局图像颜色预测和实例图像颜色预测保存下的模型参数作为融合模块训练的初始模型，并保存第 30 轮次下的模型参数［该阶段训练不更新第（2）、（3）步下的模型参数］。最终，迁移学习将目标检测网络、色彩通道预测网络、极化自注意力模块和融合模块联结到一起完成上色训练。

1. 目标检测网络

本节借助目标检测网络实现实例分割，将图像分为全局和实例上色，网络如图 4.4-2 所示。相较于 Fast R-CNN，掩模 R-CNN 有更高的分割精度，其容易训练，计算量小，且容易推广到其他图像任务。本节以灰度图像作为网络的输入，为了提取更多图像特征、保证卷积层与卷积层之间的信息最大限度地保存且避免网络退化，选择 ResNet 101 作为特征提取器提取图像的语义特征信息，然后将高级语义特征信息传输到 RPN，用其扫描图像，寻找存在的感兴趣区域（region of interest，ROI），再将 ROI 送入 RoIAlign 层，该层又通过双线性插值方法，消除生成 Anchor（锚）和实例间的量化误差，正确地将提取特征和输入对齐，再经过几个卷积网络输出实例边界框，最后剪裁出一系列的实例图像，并将其大小调整为 256×256。

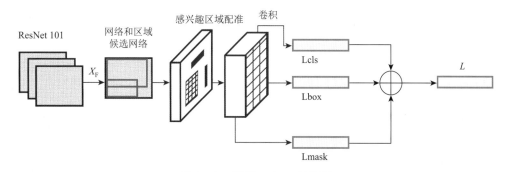

图 4.4-2　掩模 R-CNN 结构图

注：X_F 为 ResNet 提取的特征；Lcls 为实例分类；Lbox 为实例分割的边界框；Lmask 为实例掩模；L 为检测出的目标

重要的是掩模 R-CNN 有三个输出，分别是类、框和掩模，本节使用了类和框，框可以保证后期上色融合的位置正确，从而降低颜色伪影的产生，类可以将图像的实例检测分割出来，完成实例上色，从而提升实例上色质量。掩模 R-CNN 能准确和快速地分割出图像中的实例，具体包括两个重要的步骤：①图像经过卷积提取特征之后，掩模 R-CNN 使用 RPN，可以在图像上生成若干个区域候选框，并输出包含实例的锚；②掩模 R-CNN 提出 RoIAlign 层，能消除 RPN 中锚和实例之间的两次量化误差，最终精准定位实例，从而完成分割。

2. 色彩通道预测网络

为了实现目标检测出的实例图像颜色预测和全局图像颜色预测，受 Chen 等[27]的启发，本节使用色彩通道预测网络预测实例及全局图像的颜色，网络结构如图 4.4-3 所示。该色彩通道预测网络以 U-Net 为基础，将输入的灰度图像直接映射为 a^*b^* 通道图像。编码器使用了四次下采样，提取图像的多尺度特征信息，解决像素级定位，从而保留图像的边缘细节信息；解码器使用四次上采样，解决像素分类问题，识别高级别的语义内容颜色且使网络输出与输入图像大小一致，完成颜色预测。为了使网络在预测颜色时更加准确，网络在编码器和解码器部分使用跳连接，保证低级信息的同时融合更多的高层信息，最终提高颜色与目标的匹配成功率。本节在色彩通道预测网络的第 5 个模块后结合了极化自注意力，该注意力机制将提取到的特征分为颜色通道特征和空间位置特征，使网络可以快速捕捉到上色所需的颜色和对应位置信息，从而缩小颜色溢出区域。

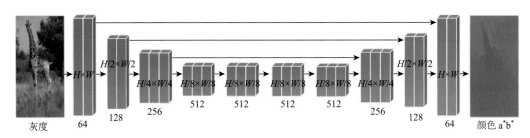

图 4.4-3　色彩通道预测网络结构图

3. 极化自注意力模块

本节使用了极化自注意力（polarized self-attention，PSA）[28]快速、准确地捕捉图像的颜色特征和空间位置特征，如图 4.4-4 所示，它将输入特征张量 X 分为颜色通道特征和空间位置特征，重点关注图像的色彩和显著性区域，提高颜色和上色目标对应度，从而约束色彩通道预测网络中的颜色溢出。与其他注意力机制相比，极化自注意力有以下四个优势。

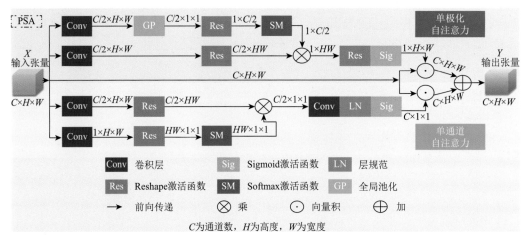

图 4.4-4　极化自注意力机制

（1）更关注图像上什么色和在"哪里"上色两个要素。该注意力机制利用卷积核滤波、全局池化、层归一化、Sigmoid 和 Softmax 激活函数等操作，将图像特征信息分为通道特征和空间位置两部分，从而实现特征分离分项优化，提高颜色和图像匹配度，约束颜色溢出。

（2）有更好的细粒度，能将具有相同语义的每个图像像素映射到相同的分数。该注意力利用 Softmax 代替全连接层，使网络输出更精细的像素，提升上色质量。

（3）有更多的非线性函数，更加适用于复杂网络的拟合。该注意力机制首次将 Sigmoid 和 Softmax 激活函数结合使用，从而拟合出真实图像的颜色分布。

（4）保持网络计算量，该注意力虽然使用元素叉乘，但本身张量尺寸较小，而没有增加网络计算量。

4. 融合模块

为了融合色彩通道预测网络中提取到的多尺度特征和消除实例上色中的冗余色块，本节使用的融合模块如图 4.4-5 所示。

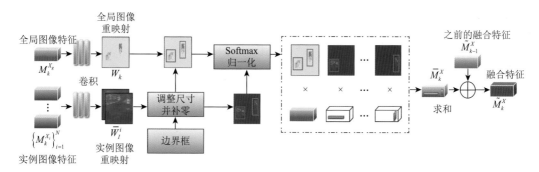

图 4.4-5　融合模块结构图

融合模块分别使用三个卷积层提取图像的实例和全局特征并权重化，同时为了提高实例在全局对应位置的融合精度，使用框改善位置匹配效果。网络所提取的特征中，低层特征用于提取颜色、位置等低级信息，高层特征用于提取语义高层信息。为了将低层特征中的颜色、位置等信息和高层特征中的语义信息融合，本节在上色网络每一层中都结合融合模块，实现低层和高层特征优势互补，低层特征的融合可以改善小物体的上色细节，高层特征融合可以提高同类目标区域的识别效果，减少图像中的颜色溢出。融合模块中的框可以实现实例和全局特征准确融合。本节计算第 k 层融合模块的融合特征，第 k 层融合的特征又继续送入第 $k+1$ 层网络，直到最后一层卷积层输出最终的特征，整个过程可以用式（4.4-1）和式（4.4-2）表示：

$$\bar{M}_k^X = M_k^{X_g} \times W_k + \sum_{i=1}^N M_k^{X_i} \times \bar{W}_l^i \tag{4.4-1}$$

$$\tilde{M}_k^X = \tilde{M}_{k-1}^X + \bar{M}_k^X \tag{4.4-2}$$

式中，$M_k^{X_g}$ 为全局图像特征；$M_k^{X_i}$ 为实例图像特征；W_k 为全局图像权重；$\bar{W}_l^i$ 为实例图像权重；$\bar{M}_k^X$ 为 $M_k^{X_g}$ 和 $M_k^{X_i}$ 分别加权求和后的结果；$\tilde{M}_k^X$ 为融合特征。

4.4.3　损失函数的设计

为了描述真实彩色图像和颜色预测图像间的距离，有必要选择一个合适的损失函数，它不仅能衡量网络的性能，还能指导网络学习。在图像上色中，常使用像素回归损失函数训练，如 Zhang 等[6]、Zhu 等[29]使用 L_2 损失函数训练网络。然而，L_2 对于多模态性质的上色鲁棒性较差，且容易发生梯度爆炸，导致网络难以优化。Goodfellow 等[30]使用 L_1 范数来生成生动的颜色，但 L_1 会出现梯度为零现象而造成不可求导问题。为了避免上述问题，本节使用像素损失函数 Smooth-L1。网络分三个阶段训练，第一阶段使用 Loss1 训练全局图像颜色，第二阶段使用 Loss2 训练实例图像颜色，第三阶段使用 Loss3 将每一个模块输出的全局特征、实例特征及其对应的权重参数相乘相加为完整特征，得到最终上色结果。$L^*a^*b^*$ 通道图像像素间的损失函数计算公式如式（4.4-3）所示，其中 δ 为超参数，当 δ 过大时，训练容易遗漏最小值，当 δ 过小时，训练优化较慢，所以 δ 通常取 1，x 代表预测 a^*b^* 通道图像像素值，y 代表真实 a^*b^* 通道图像像素值。整幅图像的总损失如式（4.4-4）所示，其中，L 代表全局颜色预测图像和真实彩色图像间的损失，N 代表训练图像数量，$X_{h,w}$ 代表颜色预测图像，$Y_{h,w}$ 代表真实彩色图像。

$$L_\delta(x,y) = 1/2 \times (x-y)^2 \left\|\{|x-y| < \delta\}\right\| + \delta(|x-y| - 1/2 \times \delta)\left\|\{|x-y| \geqslant \delta\}\right\| \quad (4.4\text{-}3)$$

$$L(X,Y) = \sum_N \sum_{h,w} (L_\delta(X_{h,w}, Y_{h,w})) \quad (4.4\text{-}4)$$

式中，h 为高度；w 为宽度。

$$Loss1 = Loss3 = \lambda \times 1/N \times L(X,Y) \quad (4.4\text{-}5)$$

$$Loss2 = \lambda \times 1/N \times \sum_{i=1}^{n} L(X_i, Y_i) \quad (4.4\text{-}6)$$

最终本节训练损失函数 Loss1、Loss2 和 Loss3 如式（4.4-5）和式（4.4-6）所示，其中，为了加快梯度的反向传播，$\lambda = 10$，X 代表全局上色图像，X_i 代表实例上色图像（n 代表实例数量），Y 代表全局真实图像，Y_i 代表实例真实图像。

4.4.4 实验过程与分析

1. 数据集

训练集：由于 COCO-Stuff 数据集去图像中心化，且图像中包含丰富的自然场景，因此本节使用 COCO-Stuff[31]（数据集部分展示如图 4.4-6 所示）训练整个网络。为了快速搜索到最优解和提高网络收敛梯度，数据集提前处理为均值 0.5 和标准差 0.5 的分布，并用归一化方式将[0, 1]的张量归一化到[−1, 1]。

图 4.4-6　COCO-Stuff 数据集部分展示

其中，COCO-Stuff 数据集对 COCO 数据集中全部 164000 幅图像做了像素级标注，包含 80 个 Thing 类、91 个 Stuff 类和 1 个 Unlabeled 类。训练集包括 118000 幅图像，验证集包括 5000 幅图像。

测试集：为了验证所提算法的有效性，本节从人、动物、食物、植物、风景、建筑等图像中选择 231 幅作为测试集，对其重新裁剪为 256×256，进行灰度编码并送入网络生成彩色图像，部分测试图像如图 4.4-7 所示。

(a) 灰度图像

(b) 真实图像

图 4.4-7　测试集部分展示

2. 实验细节

实验参数：为使每一层卷积层的输出方差尽量相同从而实现更好的网络训练，本节采用 Xavier[32] 来初始化网络；学习率采用自定义策略，该学习率机制来源于 Cycle-GAN[33] 中的训练策略；优化器为 Adam 优化器[34]，初始学习率为 0.0001，动量为 0.9，BatchNormal（批归一化）作为归一化手段。根据第一阶段提取的实例图像，本节在第二、三阶段分别使用 Loss1、Loss2 训练色彩通道预测网络，批次均为 150，批次大小为 16；第四阶段使用 Loss3 训练融合模块，批次为 30，因为多个实例与全局特征进行融合，该阶段批大小为 1。

实验环境：本节所有的训练和测试均在同一实验环境下实现，整个训练过程大约耗时 4 天。硬件设备为 3 块 Tesla-V100（32GB），NVIDIA-SMI 440.118.02；软件环境：目标检测为 Detectron，学习框架为 PyTorch 1.6.0，编译环境为 PyCharm Professional 2019.3.5，编程语言为 Python 3.6.12。

评估指标：为了验证所提算法的有效性，本节使用峰值信噪比（peak signal to noise ratio，PSNR）[35]、结构相似性指数（structural similarity index，SSIM）[36]、弗雷歇距离（Fréchet inception distance，FID）[37] 和学习感知图像块相似度（learned perceptual image patch similarity，LPIPS）[38] 四个定量评估指标来进行评估。

1）PSNR

本节用 PSNR 来度量颜色预测后图像的质量和保真度，计算公式如式（4.4-7）、式（4.4-8）所示，PSNR 值越小表示上色图像噪声越低，质量越高。

$$\text{MSE} = \frac{1}{H \times W} \sum_{i=1}^{H} \sum_{j=1}^{W} (X(i,j) - Y(i,j))^2 \tag{4.4-7}$$

$$\text{PSNR} = \frac{1}{H \times W} \lg\left(\frac{(2^n - 1)^2}{\text{MSE}}\right) \tag{4.4-8}$$

式中，H 与 W 分别代表图像的高和宽；X 代表颜色预测结果；Y 代表真实彩色图像；i 与 j 分别代表对应图像像素的横、纵坐标值；n 为每个像素点存储所占的位数；MSE 为均方误差。

2）SSIM

本节用 SSIM 来度量颜色预测图像和真实彩色图像在亮度、结构和对比度之间的差异性，其对应的计算公式如式（4.4-9）所示，SSIM 的取值范围为 0～1，SSIM 值越接近 1 表示上色结果在结构、对比度和亮度上越接近真实图像。

$$\text{SSIM}(X,Y) = \frac{(2\mu_X \mu_Y + C_1)(2\sigma_{XY} + C_2)}{\left(\mu_X^2 + \mu_Y^2 + C_1\right)\left(\sigma_X^2 + \sigma_Y^2 + C_2\right)} \tag{4.4-9}$$

式中，X 代表颜色预测图像；Y 代表真实彩色图像；μ_X 与 σ_X 分别代表颜色预测图像的均值和方差；μ_Y 与 σ_Y 分别代表真实彩色图像的均值和方差，σ_{XY} 为 X、Y 的协方差；为了避免分母为 0，C_1 和 C_2 取常数值。

3）LPIPS

本节用 LPIPS 从图像特征层面来度量它们之间的感知相似性，相比传统指标，LPIPS 更符合人类感知情况，该评价指标计算公式如式（4.4-10）所示，LPIPS 值越接近 0 表示上色结果和真实图像越接近。

$$\text{LPIPS}(X,Y) = \sum_l \frac{1}{H_l W_l} \sum_{h,w} \left\| w_l \odot \left(\hat{y}_{hw}^l - \hat{y}_{1hw}^l\right) \right\|_2^2 \tag{4.4-10}$$

式中，$\odot$ 代表逐元素相乘；l 代表层；w_l 代表权重；$\hat{y}^l$ 代表提取的特征；H_l 代表 l 层高度；W_l 代表 l 层宽度。

4）FID

本节用 FID 来度量颜色预测图像质量（清晰度）和生成多样性。FID 从分类器 Inception Net-V3 中提取中间层特征，估计生成样本高斯分布的均值和方差，并计算 FID。计算公式如式（4.4-11）所示，FID 值越小表示上色质量越好。

$$\text{FID}(X,Y) = \left\| \mu_X - \mu_Y \right\|_2^2 + \text{tr}\left(\sum_X + \sum_Y - 2\left(\sum_X \sum_Y\right)^{\frac{1}{2}}\right) \tag{4.4-11}$$

3. 对比实验

为了验证本节方法的有效性，本节对比了三种不同的上色方法，分别是 Zhang 等[6] 的 CIC（colorful image colorization，多彩的图像着色）、Yoo 等[39]的 MemoGAN（few-shot colorization via memory augmented networks，通过记忆增加的网络实现少数照片的着色）

和 Vitoria 等[40]的 ChromaGAN（adversarial picture colorization with semantic class distribution，具有语义类分布的对抗性图片着色）。对比实验测试图如图 4.4-8 所示，本节对几种上色方法测试结果中出现的颜色溢出部分用矩形框选中并放大展示，将从定性评估和定量评估两个角度分别进行实验，并且展示相应实验分析结果。

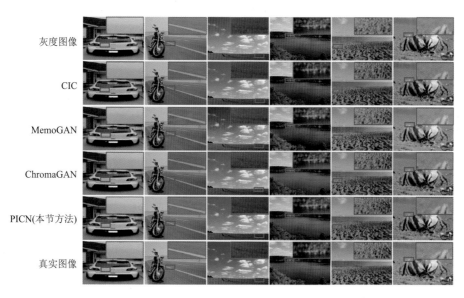

图 4.4-8　对比实验测试图

1）定性评估结果

CIC：CIC 的上色结果中，除了第五张的测试结果没有明显的颜色溢出，其他几张测试结果都有不同程度的颜色溢出，原因是该网络缺少低层特征信息和高层特征信息的联系，随着网络的加深，图像信息丢失逐渐增多，网络不能准确学习到图像的位置信息，从而在上色结果中出现颜色溢出，并且第三张的测试结果中，草坪的颜色出现了明显不协调的蓝色，这是网络对于语义内容识别错误导致的上色错误。

ChromaGAN：ChromaGAN 的上色结果中同样出现了不同程度的颜色溢出，虽然该网络结合了语义类分布来辅助上色，但语义类分布提取特征较少，且该语义类没有一个很好的反馈机制，图像颜色语义类的识别准确率较低，导致一些不和谐的颜色溢出。

MemoGAN：MemoGAN 的上色结果中整体没有明显的颜色溢出，但在前四张的测试结果中同样出现了少量的颜色溢出，并且相对于其他上色方法，整体上色结果偏向暗淡，且颜色也更加少见，原因是该网络使用了记忆增强网络，能够对训练集中出现的少量样本进行准确上色，但测试集中的图像或相似的图像没有在训练集中出现过，网络只能使用最接近的颜色信息来进行分配，也就出现一些少见的颜色和颜色溢出。

PICN（本节方法）：可以明显看出，在摩托车、草坪、沙滩和螃蟹周围，颜色溢出区域明显减少，但部分图像，如汽车、摩托车等几张图像相较于真实图像，图像颜色有一定偏差且图像上色不够清晰，原因是本节所使用的方法中拟合函数较为单一，和真实数据分布的拟合还有所偏差。

2）定量评估结果

如表 4.4-1 所示，本节的上色方法在四类评价指标中结果均达到最优，FID、LPIPS 提升最大且相较最差的方法分别提升了约 24%、36%，另外的评价指标 SSIM、PSNR 也达到了最优。本节所用的网络在 FID、LPIPS 中提升最大的原因是本节在色彩预测通道中结合了极化自注意力机制，将特征分为颜色通道特征和空间位置特征，让网络学习到图像目标对应"什么"颜色和颜色对应"哪里"两个要点，从而约束了图像中的颜色溢出，而 FID、LPIPS 的分数值来源于图像特征空间的距离，所以 FID、LPIPS 指标提升最大。SSIM、PSNR 两个评价指标是基于图像像素的机制，不能有效计算图像特征信息在视觉上的区别，所以其数值的提升程度较小。

表 4.4-1　对比实验评价指标表

方法	PSNR	SSIM	FID	LPIPS
CIC	29.44	0.9760	70.96	0.201
ChromaGAN	28.67	0.9531	83.93	0.280
MemoGAN	29.37	0.9747	71.23	0.197
PICN（本节方法）	29.65	0.9766	64.09	0.179

4. 消融实验

1）网络模块的消融

为了进一步说明本节方法的有效性，本节从实验过程的角度来说明网络如何一步步约束图像中的颜色溢出，本节根据实验问题分别做了三个消融实验，如图 4.4-9 所示。此外，为了更加显著地观察到每一步上色结果和真实图像之间的区别，本节对测试结果和

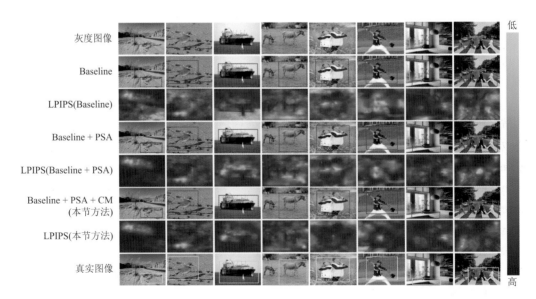

图 4.4-9　消融实验结果图

真实图像之间做了对应的 LPIPS 感知映射图，为图中每一种上色结果下方对应的蓝色图，该映射图蓝色越深表示上色结果和真实图像越接近，上色效果越好，黄色越亮表示上色结果和真实图像相差越远，上色效果越差。

（1）定性评估结果。Baseline：Baseline 的上色结果中，在实例的周围都不同程度地出现了颜色溢出，但整体的上色结果相较前面的对比实验有了显著提高。然而由于网络中还没有将上色目标位置和颜色学习准确，导致上色结果中依然出现一部分颜色溢出。

Baseline + PSA：Baseline 中结合极化自注意力后，整体颜色溢出区域得到了显著减少，但是在人像和动物周围出现了灰色的色块，原因是本节没有结合融合模块重新分配全局和实例的特征权重，人像和动物周围的灰色色块也就没能通过权重分配消除。

Baseline + PSA + CM：结合融合模块，上色的整体结果得到完善。首先，图像中的颜色溢出区域缩小；其次，上一步中人像和动物周围出现的灰色色块不再出现，这也证明融合模块的使用可以消除实例周围的冗余色块。

（2）定量评估结果。从表 4.4-2 可以看出，在色彩预测通道中结合极化自注意力机制后，FID 和 LPIPS 指标有明显提升，和消融实验步骤中的实验明显保持一致，而 PSNR 和 SSIM 两个像素级的指标提升较小，原因是这两个评价指标没有结合人类视觉系统，人类视觉能观测到的颜色区别，这两个指标并不能计算出来，且经过统计平均后，结果会变得更小。

表 4.4-2　消融实验评价指标表

方法	PSNR	SSIM	FID	LPIPS
Baseline	29.52	0.9758	69.24	0.197
Baseline + PSA	29.63	0.9764	64.81	0.182
Baseline + PSA + CM	29.65	0.9766	64.09	0.179

2）注意力机制的消融

（1）定性评估结果。为了验证本节所用极化自注意力机制在上色网络上的有效性，本节对比了五种不同的注意力机制，分别是 Wang 等[41]的 ECA（efficient channel attention，高效通道注意力）、Hu 等[42]的 SEA（squeeze-and-excitation attention，挤压和激励注意力）、Zhang 和 Yang[43]的 SA（shuffle attention，随机混合注意力）、Woo 等[44]的 CBAM（convolutional block attention module，卷积注意力模块）、Liu 等[28]的 SPSA（sequential polarized self-attention，顺序性的极化注意力）。如图 4.4-10 所示，从测试结果中可以明显看出，本节所用注意力机制中没有明显的颜色溢出区域，且颜色更加自然、和谐。其他几种注意力机制的测试结果中，都不同程度地出现颜色溢出，且第一、二列的上色结果中，颜色较为暗淡，不清晰。对比其他几种注意力机制，本节使用的注意力机制能更好地解决颜色溢出问题。

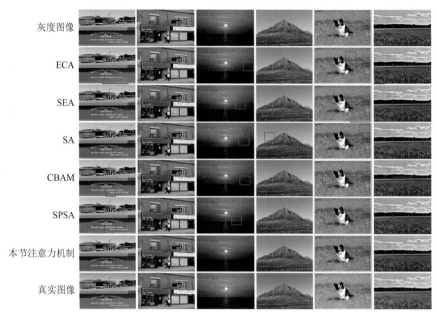

图 4.4-10　注意力机制对比图

（2）定量评价结果。表 4.4-3 为 6 种注意力机制的评价指标，从表中可以看出，本节所使用的注意力机制相较于其他几种注意力机制，在 FID、LPIPS 指标上提升最大，剩余的 PSNR 和 SSIM 两个评价指标虽然达到了最优，但提升较小，原因是本节采用的色彩预测通道构成和全局颜色预测及实例颜色预测的构成一样，使用了迁移学习中的参数共享机制和更换不同的注意力机制后，融合层中的模型参数和之前就会出现明显偏差，导致上色效果不佳。

表 4.4-3　注意力机制对比实验评价指标

方法	PSNR	SSIM	FID	LPIPS
ECA	29.54	0.9659	76.92	0.206
SEA	29.55	0.9759	72.30	0.200
SA	29.57	0.9763	88.47	0.237
CBAM	29.59	0.9762	70.22	0.198
SPSA	29.57	0.9762	74.15	0.207
本节注意力机制	29.65	0.9766	64.09	0.179

4.5　结合细粒度自注意力机制的实例图像上色

4.5.1　引言

4.4 节提出的极化实例上色网络虽然在一定程度上约束了颜色溢出，但其上色结果依然存在颜色暗淡和颜色偏离真实图像等问题。为了进一步说明上色算法中存在的颜色溢出、颜色暗淡和颜色偏差等问题，我们分别对四种不同的自动上色算法（分别为 DeepAPI、文献[6]的算法、文献[5]的算法、文献[45]的算法）进行图像上色，其上色结果如图 4.5-1 所示（图中天蓝色框选中部分表示存在颜色溢出，浅绿色框选中部分表示存在上色暗淡，粉色框选中部分表示存在上色偏差）。为了进一步约束颜色溢出、提高颜色丰富性和缩小颜色偏差，本节提出细粒度自注意力机制，该注意力机制同样将特征分为颜色通道和空间位置两部分，颜色通道捕捉图像的颜色特征信息，空间位置捕捉图像的位置信息，颜色通道注意力和空间位置注意力的结合使网络学习到图像中颜色与空间位置的对应关系，以此提高颜色与目标对象的匹配度，从而约束颜色溢出；此外，借鉴光学滤波思想，基于卷积核的滤波机制和 Softmax 的动态映射，从不同方向增强或抑制图像的颜色特征并结合 Softmax 实现颜色特征的高动态范围映射，增加图像的颜色范围，从而提升图像颜色对比度；最后该注意力机制结合融合模块，该模块联合不同激活函数 Sigmoid 和 Softmax，拟合出最接近真实图像的颜色分布，从而缩小颜色偏差。综上所述，本节提出了结合细粒度自注意力机制的实例图像上色算法。

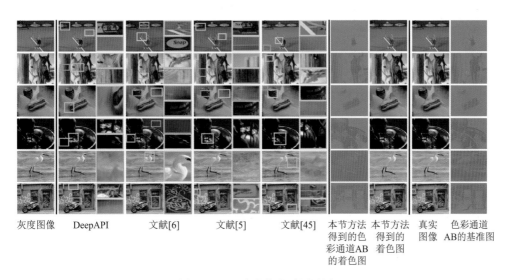

灰度图像　　DeepAPI　　文献[6]　　文献[5]　　文献[45]　本节方法　本节方法　真实　色彩通道
　　　　　　　　　　　　　　　　　　　　　　　　得到的色　得到的　图像　AB的基准图
　　　　　　　　　　　　　　　　　　　　　　　　彩通道AB　着色图
　　　　　　　　　　　　　　　　　　　　　　　　的着色图

图 4.5-1　现有上色方法测试图

4.5.2　网络框架

细粒度自注意力实例上色网络如图 4.5-2 所示，框架由实例分割网络、全局颜色预测网络、实例颜色预测网络和融合网络四个部分组成。单色图像 $X \in \mathbb{R}^{1 \times H \times W}$ 作为输入，在国际照明委员会（International Commission on illumination，CIE）颜色空间中预测缺失的 a^*b^* 通道图像 $X_g(X_i) \in \mathbb{R}^{2 \times H \times W}$。

实例分割网络：旨在快速、准确地检测分割出图像的实例，使上色网络分为全局上色和实例上色。本节利用目标检测网络获取输入灰度图像 X 中的 N 个实例边界框 $\{B_k\}_{k=1}^{N}$，并剪裁出对应的 N 个实例图像 X_k，从而辅助实例颜色预测和颜色融合两个部分。

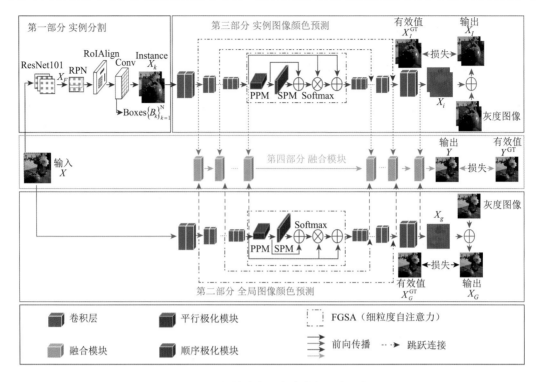

图 4.5-2　细粒度自注意力实例上色网络

全局颜色预测网络：旨在提升图像颜色特征与对应空间位置特征的捕获精度、增强颜色信息量和拟合真实图像最符合的颜色分布，缓解全局上色中的颜色溢出、颜色暗淡和颜色偏差问题。本节将全局灰度图像 X 送入色彩通道预测网络中，预测 X 缺失的 a^*b^* 通道图像 X_g，并和灰度图像叠加成 X_G，从而为实例颜色预测阶段提供初始化的模型参数和融合阶段的初始化全局颜色预测训练的模型参数。

实例颜色预测网络：旨在提升图像实例颜色预测质量，减少实例上色中的颜色溢出、颜色暗淡和颜色偏差。本节将检测分割出的实例图像 $\{X_k\}_{k=1}^N$ 送入同样结构的颜色预测网络中，预测缺失的 a^*b^* 通道图像 X_i，并和灰度图像叠加成 X_I，从而为融合阶段提供初始化实例颜色预测训练的模型参数。

融合网络：旨在融合无颜色溢出、颜色暗淡和颜色偏差的全局和实例图像，提升图像上色质量。本节利用多尺度、不同比重的融合方式整合全局特征和实例特征得到最终图像。具体地，在颜色预测网络的第 k 卷积层中，将所有实例特征和全局图像特征融合，并输入第 $k+1$ 层卷积网络中，重复同样的操作直至最后一层，得到最终的上色图像 Y。

4.5.3　细粒度自注意力机制网络

为了提高网络对颜色与目标位置捕获的成功率、改善特征表示、提高上色精度，本节提出细粒度自注意力（fine-grained self-attention，FGSA）机制。通常细粒度用于图像分割，因完成图像分割需实现不同目标像素级回归，将同一对象归属于同一类像素，而图像上色需要达到更高细粒度的像素级回归，为了实现更高的细粒度，Vitoria 等[40]借助语义类信息提高网络上色细粒度，虽然效果有所提升，但网络依赖提取特征的完整性，若不能提取所需图像颜色和位置特征，上色效果就没有显著提升。本节考虑图像上色的根本问题，从强化图像颜色特征、确定上色目标位置和拟合真实图像颜色分布三个角度来提升上色细粒度，进而提升上色质量，结构如图 4.5-3 所示。

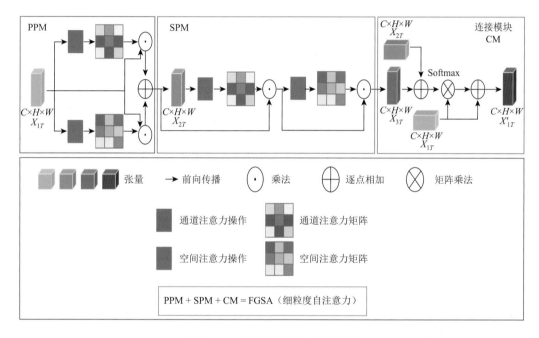

图 4.5-3　细粒度自注意力结构图

细粒度自注意力机制能学习图像上色细节，约束上色结果中存在的颜色溢出、颜色暗淡和颜色偏差等问题。

颜色溢出：为了优化图像上色中的颜色溢出，FGSA 根据 CBAM、瓶颈注意力模块（bottleneck attention module，BAM）[46]中的通道和空间划分，将特征分为颜色通道和空间位置两部分，让网络学习上色"什么"和上色"哪里"两个关键点，增强网络对图像颜色特征和空间位置的非线性表达能力，使图像颜色和空间位置精确对齐，从而减少上色中的颜色溢出；目前的图像上色方法在颜色溢出问题上始终没有得到一个较优的解决方案，Vitoria 等[40]的上色方法引入语义类分布来提升网络对于图像语义的正确识别率，虽然颜色溢出得到了一定约束，但语义识别率依赖于网络对图像特征的正确捕捉和识别。此外，Zhao 等[47]的上色方法借助显著图和局部特征来辅助网络对图像目标区域进行正确捕获，显著图可以让网络重点关注图像中的明显区域，让网络重点学习显著区域的颜色预测，减少颜色溢出，而局部特征的使用能让网络提取到图像的更多颜色特征信息，从而精确实现颜色预测，约束颜色溢出。基于此，显著图同为一种注意力机制，但它的实用性和精确性逊于注意力机制，在实用性上，注意力机制都是即插即用模块，使用方便，而显著图需要对整个训练集进行预处理，得到图像对应的显著图才能开展后续的工作；在精确性上，显著图仅仅关注图像中最显著的区域，得到的显著图使图像具有某些相同特征，让网络关注到该区域，从而提升上色质量，但显著图没有注意力机制精细，图像上色需要进行更精细的像素划分，也就是更高的细粒度，因此，注意力机制比显著图上色更精确。此外，大部分的注意力机制往往属于单属性，仅包含一种注意力属性，如只包含颜色通道注意力或空间注意力，只使用颜色通道注意力，仅能学习到图像的颜色特征属性，并不能和对应的图像位置对齐，不能较好地约束颜色溢出，当只使用空间自注意力机制时，网络仅能学习图像的位置属性，缺少颜色对齐，也难以较好地约束颜色溢出。本节所提的注意力机制包含颜色通道属性和空间位置属性，颜色通道属性能学习图像的颜色特征，空间位置属性能学习图像的位置属性，两者结合能学习图像中颜色和图像空间位置的对应关系，从而较好地约束颜色溢出。

颜色暗淡：在优化颜色溢出的基础上，为了提高图像的色彩度，FGSA 借鉴摄影中光学透镜的方法，使用偏振滤波对特征进行"极化"，从而增强或抑制某个方向的特征，达到高对比度特征，从而丰富预测颜色，解决颜色暗淡的问题；首先，大部分注意力机制均没有从不同的方向来增加或抑制图像的颜色特征，也难以提升图像的对比度。其次，大部分注意力机制缺少"极化"机制，不能从不同方向改变图像的颜色特征，虽然包含颜色通道属性，但缺少"极化"作用，而本节所提的注意力机制将颜色通道属性分为两个不同的方向，并通过卷积、激活函数、全局池化和层归一化等操作从不同方向实现颜色特征的增强或抑制，从而提升图像对比度、丰富图像颜色、避免颜色暗淡。

颜色偏差：在优化颜色溢出和提高图像对比度的基础上，为了减少颜色偏差，CM 联合 Sigmoid 和 Softmax 拟合真实图像的颜色分布，Sigmoid 将颜色映射到 0～1，Softmax 使输出概率最大，即最符合真实图像颜色的映射，从而缩小颜色偏差；现有注意力机制基本只包含了一个单一的激活函数，如 Sigmoid 或 Softmax，仅使用 Sigmoid 激活函数时，只能将网络的非线性表达限定在 0～1，并不会得到最接近真实图像颜色的分布函数，因为颜色分布函数可以有很多个，但仅使用 Sigmoid 并不会输出概率最大的函数，即不能输出最接近真实图像颜色分布的函数；仅使用 Softmax 作为激活函数时，网络虽然能选择最接近真实图像的颜色分布，但是缺少 Sigmoid 的映射作用，同时也缺少 Sigmoid 的平滑易求导优势，导致网络难以拟合出接近真实图像的颜色分布。

在图像特征分离中，颜色通道为 $H^{\text{ch}}(X_T) \in \mathbb{R}^{C \times 1 \times 1}$，公式如式（4.5-1）所示，对颜色通道加权，并对输出的颜色类别进行评估，从而输出最符合真实图像的颜色；空间位置为 $H^{\text{sp}}(X_T) \in \mathbb{R}^{1 \times H \times W}$，公式如式（4.5-2）所示，其判断识别相同的语义像素，并对其加权，从而将不同语义的像素连接于图像的不同位置。颜色通道和空间位置的结合使网络学习到不同颜色之间在空间特征的线性组合，实现颜色与语义（位置）的正确线性搭配，减少语义和颜色识别错误而出现的颜色溢出。

$$H^{\mathrm{ch}}(X_T) = S_{\mathrm{SG}}\Big[M_{q|\theta_1}((\sigma_1(M_p(X_T)) \times S_{\mathrm{SM}}(\sigma_2(M_o(X_T))))) \Big] \qquad (4.5\text{-}1)$$

$$H^{\mathrm{sp}}(X_T) = S_{\mathrm{SG}}\Big[\sigma_3(S_{\mathrm{SM}}(\sigma_1(S_{\mathrm{GP}}(M_o(X)))) \times \sigma_2(M_p(X_T))) \Big] \qquad (4.5\text{-}2)$$

式中，θ_1 代表通道卷积的中间参数；M_o、M_p、M_q 代表 1×1 卷积操作；σ_1、σ_2、σ_3 分别代表三个张量 Reshape 算子；$S_{\mathrm{SM}}(\cdot)$ 代表 Softmax 操作；$S_{\mathrm{GP}}(\cdot)$ 代表全局平均池化操作。

为了避免网络过拟合，注意力机制使用全局平均池化（global-average pooling，GP）来减少网络参数，其公式为 $H_{\mathrm{GP}}(X_T) = \dfrac{1}{H\times W}\sum\limits_{i=1}^{H}\sum\limits_{j=1}^{W} X(:,i,j)$。为了建立特征图和颜色类别间的关系，注意力机制中结合了 Softmax，其公式为 $H_{\mathrm{SM}}(X_T) = \sum\limits_{j=1}^{N_p} \dfrac{\mathrm{e}^{x_j}}{\sum\limits_{m=1}^{N_p}\mathrm{e}^{x_m}} x_j$。其中，$N_p$ 为特征个数；x_j 为第 j 个特征；x_m 为第 m 个特征。为了降低网络计算量且提升网络的拟合性能，FGSA 中使用了多个 1×1 的卷积核，再根据卷积核的滤波机制实现垂直滤波，达到大范围高对比度的颜色，从而提升上色色彩，最终无颜色溢出、颜色暗淡和颜色偏差的公式如式（4.5-3）所示：

$$X'_{1T} = S_{\mathrm{SM}}[\mathrm{SPM}(X_{2T}) \oplus \mathrm{PPM}(X_{1T})] \odot X_{1T} + X_{1T} \qquad (4.5\text{-}3)$$

图 4.5-4 中平行极化模块（parallel polarized module，PPM）结构的计算公式如式（4.5-4）所示，图 4.5-5 中顺序极化模块（sequential polarized module，SPM）结构的计算公式如式（4.5-5）所示：

$$X_{2T} = \mathrm{PPM}(X_{1T}) = L^{\mathrm{ch}} \oplus L^{\mathrm{sp}} = H^{\mathrm{ch}}(X_{1T}) \odot^{\mathrm{ch}} X_{1T} + H^{\mathrm{sp}}(X_{1T}) \odot^{\mathrm{sp}} (X_{1T}) \qquad (4.5\text{-}4)$$

$$X_{3T} = \mathrm{SPM}(X_{2T}) = L^{\mathrm{sp}}(L^{\mathrm{ch}}) = H^{\mathrm{sp}}(H^{\mathrm{ch}}(X_{2T}) \odot^{\mathrm{ch}} X_{2T}) \odot^{\mathrm{sp}} H^{\mathrm{ch}}(X_{2T}) \odot^{\mathrm{ch}} X_{2T} \qquad (4.5\text{-}5)$$

式中，$X_{1T} \in \mathbb{R}^{C_{in}\times H\times W}$；$X_{2T} \in \mathbb{R}^{C\times H\times W}$；$X_{3T} \in \mathbb{R}^{C\times H\times W}$；$X'_{1T} \in \mathbb{R}^{C\times H\times W}$；$H^{\mathrm{ch}}(X_{1T}) \in \mathbb{R}^{C\times1\times1}$；$H^{\mathrm{sp}}(X_{1T}) \in \mathbb{R}^{1\times H\times W}$；$\odot^{\mathrm{ch}}$ 代表通道点乘算子；$\odot^{\mathrm{sp}}$ 代表空间点乘算子。

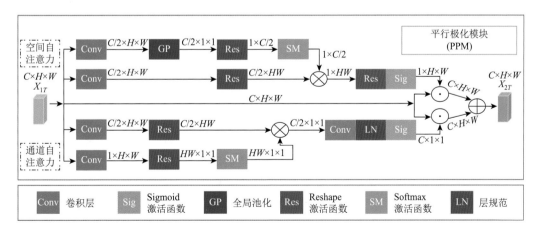

图 4.5-4　PPM 结构图

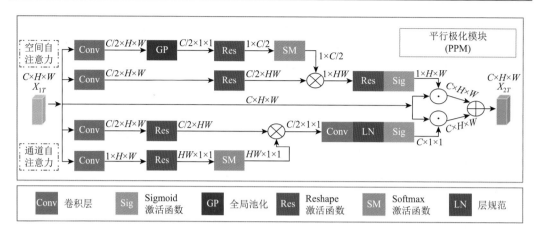

图 4.5-5　SPM 结构图

4.5.4　目标函数设计

图像上色任务中通常使用像素回归损失函数 L_1 或 L_2 训练网络，如 Zhang 等[6]、Zhu 等[29]使用 L_2 损失函数优化网络。然而，L_2 在多模态性质的上色中存在两个致命的问题：首先，L_2 范数对离群点上色敏感且容易发生梯度爆炸；其次，求解速度慢。为了避免这两个问题，本节使用 L_1 损失函数优化整个网络，公式如式（4.5-6）所示：

$$\begin{cases} L_1(x,y) = |x - y| \\ L(X,Y) = \sum_N \sum_{h,w} (L_1(X_{h,w}, Y_{h,w})) \\ \mathrm{Loss} = \lambda \times 1/N \times L(X,Y) \end{cases} \tag{4.5-6}$$

式中，$L_1(x,y)$ 为像素间损失；x 代表预测的 a^*b^* 通道图像像素值；y 代表真实的 a^*b^* 通道图像像素值；$L(X,Y)$ 为整幅图像的总损失；N 代表训练图像数量；$X_{h,w}$ 代表上色图像；$Y_{h,w}$ 代表真实图像。

4.5.5　实验过程及分析

1. 实验细节

本节提出的细粒度自注意力的实例图像上色模型的详细实验设置与极化自注意力约束颜色溢出的图像自动上色类似，其相关代码均采用 PyTorch 框架实现，实验环境的配置为 Python 3.6.12、PyTorch，模型在 GPU 为 NVIDIA Tesla V100（显存 32GB）上完成全部训练。整个模型的优化方式和相应学习率的设置均与极化自注意力约束颜色溢出的图像自动上色相同。此外，本节实验所使用的数据集如 4.4.4 节所述。

2. 评价指标

为了进一步评估上色算法的性能，本节使用了 6 个评估指标，包括 PSNR、SSIM、

FID、LPIPS、颜色丰富性指数（color contribution index，CCI）和颜色自然性指数（color naturalness index，CNI）。其中，PSNR、SSIM、FID、LPIPS 的细节请参考 4.4.4 节。CCI[48] 和 CNI[49] 用来评估图像颜色的色彩和自然度，与传统的 PSNR 相比，CCI 和 CNI 更注重颜色的饱和度与自然性，可以看作评价生成图像颜色丰富性和合理性的一个重要指标。下面将对这两种评价指标进行简要的介绍。

　　1）CCI

　　通常 CCI 的计算公式如式（4.5-7）所示，其中，S 代表图像 M 的平均饱和度，σ 代表图像的标准差，μ 代表均方差，CCI 的范围可以从 0（最差色彩图像）到 max（最优色彩图像）。为了更准确地评估图像色彩度，Hasler 和 Suesstrunk[50] 给出了一种有效计算图像颜色色彩度的方法。假设图像是在标准红绿蓝（standard red green blue，sRGB）颜色空间中编码的，以此给出一个新的色彩度量标准，如式（4.5-7）～式（4.5-10）所示，rg 和 yb 为 sRGB 颜色空间中的组成成分。

$$\text{CCI} = S_M + \sigma_M \tag{4.5-7}$$

$$\text{CCI} = \sigma_{\text{rgyb}} + 0.3 \cdot \mu_{\text{rgyb}} \tag{4.5-8}$$

$$\sigma_{\text{rgyb}} = \sqrt{\sigma_{\text{rg}}^2 + \sigma_{\text{yb}}^2} \tag{4.5-9}$$

$$\mu_{\text{rgyb}} = \sqrt{\mu_{\text{rg}}^2 + \mu_{\text{yb}}^2} \tag{4.5-10}$$

　　2）CNI

　　每幅图像的 CNI 计算公式如式（4.5-11）～式（4.5-14）所示，先将图像从 RGB 颜色空间转换到 HSV 颜色空间，然后根据像素的色调值将图像中的每个像素分为三类，其中色调 25～70 的像素归为 Skin（皮肤）类，色调 95～135 的像素归为 Grass（草地）类，色调 185～260 的像素归为 Sky（天空）类。q_1、q_2 和 q_3 分别代表图像在 HSV 空间中 Skin、Grass 和 Sky 三类像素对应的平均饱和度值。N_1、N_2 和 N_3 分别代表整幅图像中 Skin、Grass 和 Sky 三类像素的平均 CNI 值。m_1、m_2 和 m_3 分别代表整幅图像中 Skin、Grass 和 Sky 三类像素的个数。大量的实验表明，CNI 的取值范围是 0～1，CNI 越接近于 1，图像颜色越自然。

$$N_1 = e^{-0.5 \times [(q_1 - 0.767)/0.52]^2} \tag{4.5-11}$$

$$N_2 = e^{-0.5 \times [(q_2 - 0.81)/0.53]^2} \tag{4.5-12}$$

$$N_3 = e^{-0.5 \times [(q_3 - 0.213)/0.22]^2} \tag{4.5-13}$$

$$\text{CNI} = (m_1 \times N_1 + m_2 \times N_2 + m_3 \times N_3) / (m_1 + m_2 + m_3) \tag{4.5-14}$$

3. 对比方法简介

　　为了能够更加直观地验证本节所提模型对图像上色任务的有效性，我们将本节提出的模型与 5 种先进的算法进行了定性和定量比较，接下来简要介绍所用对比实验的上色算法。

　　1）DeepAPI

　　DeepAPI：DeepAPI 为一种用 DeOldify 的深度学习框架实现老旧图像和视频上色的方法，该上色方法通过 API 封装为一个简易的上色网站 DeepAPI。DeOldify 是一个跨平台的基于麻省理工学院授权的深度学习开源项目，用于图像和视频上色。DeOldify 过去使用 GAN 实现上色，该网络由生成模块和判别模块构成，形成两个互补神经网络，预训练的生成模块用于颜色的添加，判别模块用于"评判"颜色的选择。由于普通的 GAN 上色缺乏一定的稳定性，DeepAPI 将 GAN 优化为 NoGAN，提高 DeOldify 的稳定性，并将图像上色的细节处理得更好，颜色更加真实，但该网络主要针对老旧图像，上色结果比较暗淡和存在颜色偏差。

2）CIC

CIC[6]：CIC 为一种自动上色网络，Zhang 等[6]将图像上色转换为一个自监督的学习任务，提出一种新型的上色框架，在网络中使用加权平滑损失，使网络实现图像的正确上色，该上色网络为早期的自动上色方法，但网络缺乏足够的拟合机制和颜色特征信息，图像颜色饱和度低、单调。

3）UGIC

结合先验知识的图像上色[5]（user-guided image colorization，UGIC）：UGIC 为一种结合上色先验知识和全局提示的非交互式上色方法，通过局部先验知识使上色网络的颜色预测多样，全局提示保证上色网络预测颜色准确，但该上色框架缺少能拟合真实图像颜色分布的非线性函数，导致上色和真实图像存在偏差。

4）ChromaGAN

ChromaGAN[40]：ChromaGAN 为一种基于生成对抗网络的自动上色方法，利用 VGG 提取图像的高级特征，生成语义类分布来辅助网络判断识别图像语义，从而实现图像准确上色，但语义类分布依赖于 VGG 所提取的特征，当图像重要特征信息丢失较多时，语义类分布准确率降低，语义和颜色匹配成功率降低，导致出现颜色溢出。

5）IAIC

实例感知图像上色（instance-aware image colorization，IAIC）[45]：IAIC 为一种结合图像全局特征和实例特征的自动上色网络，该网络将局部信息结合到全局图像中，以此提升全局上色效果，最终完成全局图像的精细上色，但该网络缺少识别语义与颜色的辅助模块，导致语义识别错误，出现颜色溢出，且该网络拟合函数较为单一，缺少足够拟合出符合真实颜色分布的非线性函数，导致出现颜色偏差。

6）FGSAC

结合细粒度自注意力机制的图像上色（fine-grained self-attention colorization，FGSAC）：本节方法 FGSAC 是一个结合实例上色和全局上色、基于迁移学习的自动上色网络。为了成功解决图像上色中的颜色溢出，本节提出细粒度自注意力机制，将图像特征分为颜色通道和空间位置，以此让语义和颜色正确对应，减少颜色溢出；此外，为了增加图像色彩，本节利用卷积核的滤波机制，使用多个 1×1 卷积核，增强和抑制不同颜色特征，以此提升图像对比度，丰富上色结果；最后本节利用多个非线性基函数来拟合出最接近真实图像的颜色分布，以此减少颜色偏差，最终生成无颜色溢出、颜色丰富和逼真的上色图像。

4. 实验结果比较

1）定性比较

为了从不同的网络角度证明本节方法的有效性，本节分别对比了 5 种不同上色方法，依次为 DeepAPI、CIC、UGIC、ChromaGAN 和 IAIC。为了验证不同目标数量的上色结果，本节将测试结果分为单目标图像（图像中只包含一个明显的实例）和多目标图像（图像中包含两个以上明显的实例），分别对应图 4.5-6（a）和图 4.5-6（b）。

(a) 单目标上色方法对比图

(b) 多目标上色方法对比图

图 4.5-6　对比实验结果图

（1）DeepAPI。DeepAPI 上色网络由 GAN 构成，为了提升其训练稳定性，DeepAPI 在 GAN 初始化训练后对生成器进行重复的预训练，然后以相同的方式训练 GAN 本身。DeepAPI 在训练中加入特征损失，并训练判别器来实现基本的二分类任务，通过两个训练技巧使常规的 GAN 成为 NoGAN，GAN 生成图像质量较好的优势加上 DeepAPI 面向的对象主要为过去的黑白照片，所以其上色结果主要呈现颜色暗淡和颜色偏差问题，如图 4.5-6 所示，整体无颜色溢出。

（2）CIC。CIC 上色网络主要由 8 个卷积层组成，以编码和解码形式实现对缺失的 a^*b^* 通道颜色的预测，网络使用了概率分布点估计分支辅助推断颜色，概率分布点预测一定会存在偏差，就导致上色出现颜色溢出，并且该网络以 ImageNet 作为训练集，其训练集中的自然图像均存在一些不饱和区域，使上色结果发生偏向，也就会偏离原本的色相，导致颜色偏差，对应的上色结果如图 4.5-6 所示。

（3）UGIC。UGIC 上色方法通过 U-Net 来直接预测图像缺失的 a^*b^* 通道图像，且该方法最开始结合了全局先验和局部图像特征，即引导用户选择的稀疏颜色点来预测颜色，使颜色预测实时化和真实化。在后续对该上色方法的跟进中发现，该上色方法将全局提示和本地提示两个网络遮蔽，仅用 U-Net 也能完成较好的颜色预测。U-Net 由收缩路径和扩张路径组成，收缩路径部分使用了四次下采样提取图像的多尺度特征信息，解决了像素级定位，从而保留了图像边缘上色细节信息，扩张路径部分使用了四次上采样，解决了像素分类问题，识别高级语义内容颜色，使用跳连接保证低级颜色信息和高级语义信息融合，提高颜色和目标匹配成功率而约束了一定的颜色溢出，其对应的上色结果也无明显的颜色溢出，且整体上色质量比 CIC 好许多。

（4）ChromaGAN。ChromaGAN 上色方法用一个生成器，结合颜色类分布的感知和语义的理解，进而学习上色，以语义线索为条件来推断给定灰度图像的色度。语义类信息的结合提高了上色准确率，并使用对抗损失作为约束项使上色结果接近真实图像，加上 GAN 的自身特点使上色图像颜色丰富，其对应的定量指标 CCI 和 CNI 也说明了其颜色丰富性，但结合的语义类分布反馈机制依赖于前期提取特征，而图像特征仅依赖几层卷积层，势必会遭遇图像信息的丢失，导致语义类识别率降低，从而出现颜色溢出，也就出现图 4.5-6（a）中雪人着上错误的橙色现象。

（5）IAIC。IAIC 上色方法对真实彩色图像的颜色、语义位置特征映射提取不准确，出现语义与颜色不对齐问题，导致出现颜色溢出；且它随着颜色特征提取网络不断加深而出现颜色信息的丢失，导致上色暗淡，最后该网络的拟合函数单一，难以准确拟合真实图像的颜色分布而出现颜色偏差。

（6）FGSAC。相比以上 5 种上色方法，FGSAC 对应的图 4.5-6 视觉上在一定程度上解决了上色中存在的颜色溢出、颜色暗淡和颜色偏差问题。此外，当网络生成的结果偏离真实结果时，考虑不同的非线性函数组合能让分布更接近真实的输出。6 种上色方法对应的单目标上色结果和多目标上色结果都表现出相同的问题，这说明网络对于包含一定数量实例的图像不存在显著性差异，也验证了网络的鲁棒性较好。总之，FGSAC 的实验结果进一步表明本节方法对颜色通道和空间位置进行分离，确保了上色位置和上色对象的准确性。

2）定量比较

接下来通过定量评价指标来描述各种上色结果，如表 4.5-1 所示，对于传统的评价指标 PSNR、SSIM，在所有的上色结果中，PSNR 和 SSIM 都达到第二。

表 4.5-1 对比实验定量评价指标表

方法	PSNR	SSIM	LPIPS	FID	CCI	CNI
DeepAPI	30.88	0.9783	0.172	68.20	18.77	0.531
CIC	28.44	0.9760	0.201	70.96	25.81	0.574
UGIC	29.59	0.9761	0.182	65.05	28.92	0.627
ChromaGAN	29.37	0.9747	0.197	71.23	30.26	0.643
IAIC	29.52	0.9758	0.197	70.00	28.76	0.618
FGSAC	29.62	0.9763	0.165	59.90	29.47	0.636

接下来，本节将分别从 SSIM、LPIPS、FID、CCI 和 CNI 等角度对定量结果进行分析讨论。

（1）SSIM 角度。SSIM 达到第二，但提升不大，原因是 SSIM 不仅衡量图像之间的相似程度，也衡量生成图像的失真程度，虽然对比方法存在颜色溢出、颜色暗淡和颜色偏差，但测试结果并没有明显的图像失真，如图像模糊，且 SSIM 基于图像像素的均值和标准差计算，图像中局部颜色溢出、颜色暗淡和颜色偏差的像素值中和导致 SSIM 差距微小。

（2）FID 和 LPIPS 角度。在符合人类感知视觉的评价指标中，LPIPS 达到最优，而从图像上色质量和多样性指标 FID 来说，本节的测试结果在 6 种上色算法中，达到最优。FID 和 LPIPS 两个评价指标提升最大，原因是 LPIPS 指标更符合人类的视觉系统，加上 LPIPS、FID 两个指标一个利用卷积层提取特征再计算其对应的特征距离，另外一个基于 Inception 网络来提取特征，再根据高斯模型计算其均值和方差从而得到特征距离值，本节的测试结果中不存在明显的颜色溢出、颜色暗淡和颜色偏差，但在特征层面中这个区别就会变得明显，所以 LPIPS 和 FID 两个评价指标的提升最大。

（3）CCI 和 CNI 角度。在 CCI 和 CNI 上，两个指数同时达到次优。

3）箱形图比较

为了从数据角度描述指标，本节基于测试集绘制了 LPIPS、CCI 箱形图，如图 4.5-7 所示，该箱形图基于 231 张测试图像对应的指标值进行绘制，由于对比实验中 FID 指标变化较大，因此，本节选择了 LPIPS 和 CCI 指标绘制对应的箱形图。箱形图中有三个重要的参考指标，第一个是箱体长短，代表数据跨越区间大小，箱体越短说明数据越集中，也说明网络性能普适性越好；第二个是箱体正上方和正下方的数据分布，箱体正上方和正下方数据分布越少，说明网络上色异常值越少，网络鲁棒性越强；第三个是箱形图中中位线和均值是否在一条线上，如果在一条线上，则说明网络测试结果集中在均值附近，网络性能较好。

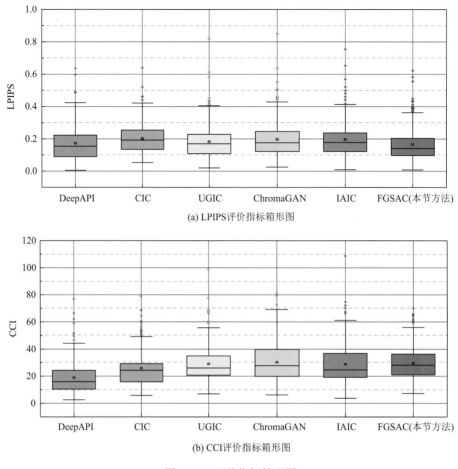

(a) LPIPS评价指标箱形图

(b) CCI评价指标箱形图

图 4.5-7　评价指标箱形图

（1）LPIPS 箱形图。相较于其他几种上色方法，本节方法 LPIPS 的指标分箱体更短，说明本节方法普适性更优，并且本节上色方法均值明显低于其他几种上色方法，说明本节方法的上色结果更加符合人类感知。

（2）CCI 箱形图。相较于其他五种方法，本节方法的 CCI 集中在中位数及均值附近，说明本节方法上色效果颜色丰富，但本节方法存在部分高异常值，查验上色结果发现，这些高异常值颜色最接近真实图像且图像中颜色较鲜艳、单一，如夕阳和海水等颜色。

4.5.6　消融实验

1. 网络结构

为了验证前文所提上色算法中各组成部分的有效性，本节对框架的每个重要部分进行如下分析。

Baseline：初始训练网络，以掩模 R-CNN 作为实例分割工具，以 U-Net 作为颜色预测主干网络，融合模块作为实例特征和全局特征结合网络。

Baseline + FGSA：在初始训练网络的第 1、2 阶段颜色预测网络中加入 FGSA 机制。

Baseline + FGSA + PPM：在初始训练网络的第 1、2 阶段颜色预测网络中加入 FGSA 机制，在第三阶段的生成器中加入 PPM。

本节方法：在初始训练网络的第 1、2 阶段颜色预测网络中添加 FGSA，在第三阶段的生成器中加入 PPM，在整个网络中使用 L_1 损失函数进行优化。

为了说明本节上色方法的有效性，我们依次做了三个消融实验来可视化本节上色方法，基于基线网络进行一步步叠加和改进。算法的定性结果和对应 LPIPS 映射图、分数值如图 4.5-8 所示。映射图为评价指标 LPIPS 的可视化结果，映射图中颜色越接近紫蓝色的像素表示上色图像和真实图像越接近，所得到的 LPIPS 分数值越低；映射图中颜色越接近黄色的像素表示上色图像越不接近真实图像，所得到的 LPIPS 分数值越高。总之，映射图中越亮的部分（黄色）表示上色越差，越暗的部分（紫蓝色）表示上色越好。

图 4.5-8　消融实验结果对比

从图 4.5-8 的上色结果中可以看出，结合 FGSA 机制后的三个算法在颜色协调性和接近真实图像上都得到显著提升，其中首次结合 FGSA 机制的网络提升最大，之后结合 PPM 和更换损失函数的部分只是对第一个消融实验的优化。

1）定性评估结果

（1）Baseline + FGSA。基于 Baseline，在加入 FGSA 后，上色结果更加鲜艳，颜色更加接近真实图像，颜色溢出也得到一定约束，因为 FGSA 中组合多个非线性激活函数：Sigmoid 和 Softmax，Sigmoid 使网络拟合出多个满足真实图像的分布，Softmax 从多个分布中选择一个输出概率最大的分布，即最接近真实图像的颜色分布；FGSA 中结合卷积核的滤波机制，通过不同方向特征分离，实现选择性增强或抑制颜色特征进而提升颜色对比度，使上色结果鲜明；FGSA 将图像特征分为颜色通道特征和空间位置特征，使网络学习真实图像怎样让颜色和目标正确对应，提高上色准确率，减少颜色溢出，但上色结果中依然存在部分溢出和颜色暗淡，原因是 FGSA 只在全局颜色预测和实例颜色预测网络中加入，未在融合模块中加入，全局颜色预测模型参数和实例颜色预测模型参数发生改变，导致最后上色结果不够完善。

（2）Baseline + FGSA + PPM。基于 Baseline，在加入 FGSA 网络的融合生成器中加入 PPM，PPM 的加入完善了上色结果且没有增加网络计算量，但同时在实例周围引入了明显的冗余色块，原因是融合模块中加入的 PPM 和 FGSA 不同，导致实例颜色预测结果和全局图像对应实例的颜色预测位置出现偏差，从而在实例周围出现冗余色块。

（3）本节方法。为了维持实例周围上色结果并消除图像实例周围的冗余色块，本节最终结合像素回归损失函数 L_1，成功消除图像实例周围的冗余色块，因为冗余色块的产生可以视作异常值，异常值在 L_2 中会被放大，不易收敛，而 L_1 损失函数对异常值不敏感，且能找到多个解，网络只需通过 L_1 不断学习训练，找到全局最优解，从而输出无冗余色块的图像。LPIPS 映射图和对应分数值也说明了 Baseline + FGSA 的上色效果改进最大，Baseline + FGSA + PPM 和 Baseline + PGSA + PPM + L_1 损失进一步提升了上色效果。其中 Baseline + FGSA + PPM 的部分测试结果与对应的 LPIPS 映射图和分数值对比 Baseline + FGSA 映射图和分数，大部分没降低反而提升，是由于上色图像实例周围出现大范围的色块导致 LPIPS 分数不降反升。除了图像中实例周围有色块，Baseline + FGSA + PPM 的上色结果比 Baseline + FGSA 更接近真实图像。更换损失函数为 L_1 后，颜色更加接近真实图像，图像中也不存在颜色溢出。

2）定量评估结果

表 4.5-2 的定量结果也可以证明本节在定性结果中的分析，在 FID、SSIM、LPIPS、CCI、CNI 指标上，每一步消融实验对比前面的消融实验，指标都呈现提升趋势，而 + FGSA 和本节方法的消融实验，评价指标提升最快，但 Baseline + FGSA + PPM 的评价指标相比前一个实验没有提升，反而有小范围降低，是因为 Baseline + FGSA + PPM 测试结果图像在实例周围出现了冗余色块。从消融实验可以看出，所提注意力机制对上色是有效果的。但为了消除图像中出现的冗余色块，本节最后借助 L_1 损失函数成功消除了冗余色块。

表 4.5-2　消融实验评价指标

方法	PSNR	SSIM	LPIPS	FID	CCI	CNI
Baseline	29.52	0.9758	0.197	70.00	28.76	0.618
Baseline + FGSA	29.66	0.9761	0.175	64.17	29.15	0.614

续表

方法	PSNR	SSIM	LPIPS	FID	CCI	CNI
Baseline + FGSA + PPM	29.60	0.9763	0.175	64.70	27.89	0.620
本节方法	29.62	0.9763	0.165	59.90	29.47	0.636

2. 损失函数

为了验证网络使用损失函数的有效性，本节选择了 3 种常用于图像上色的像素回归损失函数及其 3 个组合进行对比。其中，第一个版本为 HuberLoss 与 L_1Loss 的组合（HL_1），第二个版本为 HuberLoss 与 L_2Loss 的组合（HL_2），第三个版本为 L_1Loss 与 L_2Loss 组合（L_1L_2），第四个版本仅使用 L_2Loss（L_2），第五个使用 HuberLoss（H），最后一个版本只使用 L_1Loss（L_1）。

1）定性评估结果

虽然 HL_1、HL_2 和 L_1L_2 都由三种常用的损失函数组合而成，但是其组合并未考究组合权重，而损失函数是上色训练中必不可少的一步，简单的原值比例使网络梯度变化不同，导致网络陷入某个局部最优解，从而在上色结果中出现上色的三个问题，其对应的上色结果如图 4.5-9 所示。因为三种像素回归损失函数的组合仍然是像素损失函数，所以其上色结果整体比先前各种对比实验效果均有一定优势，其对应的大部分定量指标也说明图像上色整体质量较高。L_2 因为不稳定和解单一等特性，整体上色结果相较其他几种损失函数较差。H 和 L_1L_2 在组成上较为接近，均由 L_1 和 L_2 组成，其损失相较于 L_2 函数曲线更加平滑和易于求导，相较于 L_1 收敛更快，但 L_1 具有多个解的特性，这也说明为什

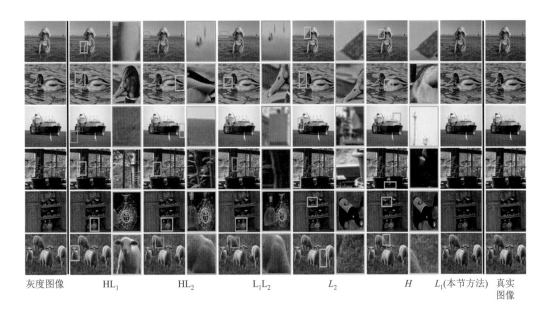

| 灰度图像 | HL_1 | HL_2 | L_1L_2 | L_2 | H | L_1(本节方法) | 真实图像 |

图 4.5-9　损失函数对比实验图

么 H 和 L_1L_2 对应的上色结果中存在微弱的颜色暗淡和色差等冗余色块，而 L_2 没有，且定性结果也说明了本节更换损失函数虽然上色结果没有达到显著提升，但却优化了上色结果。

2）定量评估结果

如表 4.5-3 所示，从其中的定量指标 FID、SSIM、PSNR、LPIPS、CNI 五项可以看出指标值离散程度较小，且 SSIM、CCI 指标的最优值并不属于 L_1 损失函数下的上色结果。以上指标的离散程度和最优指标的分布说明了 L_1 损失函数的使用没有绝对提升上色结果，但确实优化了图像实例中出现的灰色色块。这也再次证明 L_1 损失函数的使用使网络寻找到不包含异常值的解，即实例周围输出无冗余色块的上色结果。

表 4.5-3 损失函数测试结果对比指标表

损失函数	PSNR	SSIM	LPIPS	FID	CCI	CNI
HL_1	29.58	0.9765	0.187	65.25	24.72	0.606
HL_2	29.57	0.9761	0.171	64.66	26.06	0.605
L_1L_2	29.62	0.9759	0.171	63.85	29.84	0.620
L_2	29.55	0.9763	0.186	68.85	26.92	0.609
H	29.60	0.9763	0.172	64.70	27.89	0.620
L_1	29.62	0.9763	0.165	59.90	29.47	0.636

4.6 本 章 小 结

本章的主要工作是研究实例图像上色问题。图像上色指为输入单色图像中的每个像素分配合理的颜色和感知颜色的过程。本章通过传统算法和基于深度学习算法这两大类算法进行了研究现状的总结。此外，根据当前图像上色算法存在的问题提出了相应的解决办法，并由此构建了两个不同版本的实例图像上色网络模型。

1）极化自注意力约束颜色溢出的图像自动上色

（1）针对图像背景容易对前景实例上色造成干扰，导致图像实例边界出现颜色溢出的问题，使用目标检测网络，提取图像中的实例，形成全局上色和实例上色，从而减少图像实例边界周围出现的颜色溢出。

（2）针对网络对语义内容与颜色匹配错误，导致图像内容出现颜色溢出的问题，本章使用极化自注意力机制。该注意力机制根据卷积层的维度通道变化作用，将输入图像特征转换为颜色通道特征和空间位置特征两部分，颜色通道学习图像的颜色信息，空间位置学习图像的位置信息，两者结合来促进网络对图像语义与颜色间的正确对齐，以此减少图像中的颜色溢出。

2）结合细粒度自注意力机制的实例图像上色

由于极化自注意力约束颜色溢出的图像自动上色仍然存在颜色暗淡和颜色偏离真实

图像等问题，本章构建了一个结合细粒度自注意力机制的实例图像上色网络。

（1）针对网络对图像颜色信息捕获不充分导致上色结果饱和度低和色彩单调的问题，本章提出细粒度自注意力机制。该注意力根据光学摄影中"极化滤波"和高动态范围成像机制，结合小感受野的卷积核和 Softmax，从不同方向增强或抑制图像的颜色特征并进行高动态范围映射，扩大图像颜色特征范围，提升图像对比度，从而提升图像上色效果。

（2）针对网络中拟合函数单一，导致网络对真实图像的颜色拟合不充分而出现颜色偏差的问题，本章提出融合模块，该模块在颜色预测网络中组合多个 Sigmoid 和 Softmax，让网络有更强的非线性表达能力，输出最接近真实图像的颜色分布，减少颜色偏差。

（3）针对实例图像周围存在的冗余色块问题，本章采用像素回归机制，使网络将冗余色块视作异常值，寻找其他上色解，最终输出无冗余色块的图像。

参 考 文 献

[1]　Qu Y，Wong T T，Heng P A. Manga colorization[J]. ACM Transactions on Graphics，2006，25（3）：1214-1220.

[2]　窦智，王宁，王世杰，等. 结合绘画先验的线稿上色方法[J]. 计算机科学，2022，49（4）：195-202.

[3]　Liu X，Wan L，Qu Y，et al. Intrinsic colorization[J]. ACM Transactions on Graphics，2008，27（5）：152.

[4]　Chia A Y S，Zhuo S，Gupta R K，et al. Semantic colorization with internet images[J]. ACM Transactions on Graphics，2011，30（6）：1-8.

[5]　Zhang R，Zhu J Y，Isola P，et al. Real-time user-guided image colorization with learned deep priors[J]. ACM Transactions on Graphics，2017，36：1-11.

[6]　Zhang R，Isola P，Efros A A. Colorful image colorization[C]//European Conference on Computer Vision. Cham：Springer，2016：649-666.

[7]　Zhao J，Liu L，Snoek C G M，et al. Pixel-level semantics guided image colorization[J]. arXiv preprint arXiv：1808.01597，2018.

[8]　Zou A，Shen X，Zhang X，et al. Neutral color correction algorithm for color transfer between multicolor images[C]//Advances in Graphic Communication，Printing and Packaging Technology and Materials. Singapore：Springer，2021：176-182.

[9]　LeCun Y，Bottou L，Bengio Y，et al. Gradient-based learning applied to document recognition[J]. Proceedings of the IEEE，1998，86（11）：2278-2324.

[10]　Malfliet W，Hereman W. The tanh method：I. Exact solutions of nonlinear evolution and wave equations[J]. Physica Scripta，1996，54（6）：563-568.

[11]　Krizhevsky A，Sutskever I，Hinton G E. ImageNet classification with deep convolutional neural networks[J]. Advances in Neural Information Processing Systems，2012，25（2）.

[12]　Simonyan K，Zisserman A. Very deep convolutional networks for large-scale image recognition[J]. arXiv preprint arXiv：1409.1556，2014.

[13]　Szegedy C，Liu W，Jia Y，et al. Going deeper with convolutions[C]//Proceedings of the IEEE Conference on Computer Vision and Pattern Recognition，Boston，2015：1-9.

[14]　He K，Zhang X，Ren S，et al. Identity mappings in deep residual networks[C]//European Conference on Computer Vision. Cham：Springer，2016：630-645.

[15]　Huang G，Liu Z，van Der Maaten L，et al. Densely connected convolutional networks[C]//Proceedings of the IEEE Conference on Computer Vision and Pattern Recognition，Honolulu，2017：4700-4708.

[16]　Howard A G，Zhu M，Chen B，et al. MobileNets：Efficient convolutional neural networks for mobile vision applications[J]. arXiv preprint arXiv：1704.04861，2017.

[17]　Zhang X，Zhou X，Lin M，et al. ShuffleNet：An extremely efficient convolutional neural network for mobile

devices[C]//Proceedings of the IEEE Conference on Computer Vision and Pattern Recognition，Salt Lake City，2018：6848-6856.

[18] Viola P，Jones M J. Robust real-time face detection[J]. International Journal of Computer Vision，2004，57（2）：137-154.

[19] Wang X，Han T X，Yan S. An HOG-LBP human detector with partial occlusion handling[C]//2009 IEEE 12th International Conference on Computer Vision，Kyoto，2009：32-39.

[20] Felzenszwalb P F，Girshick R B，McAllester D，et al. Object detection with discriminatively trained part-based models[J]. IEEE Transactions on Pattern Analysis and Machine Intelligence，2010，32（9）：1627-1645.

[21] Redmon J，Divvala S，Girshick R，et al. You only look once：Unified，real-time object detection[C]//Proceedings of the IEEE Conference on Computer Vision and Pattern Recognition，Las Vegas，2016：779-788.

[22] Liu W，Anguelov D，Erhan D，et al. SSD：Single shot multibox detector[C]//European Conference on Computer Vision. Cham：Springer，2016：21-37.

[23] Law H，Deng J. CornerNet：Detecting objects as paired keypoints[C]//Proceedings of the European Conference on Computer Vision，Munich，2018：734-750.

[24] Girshick R，Donahue J，Darrell T，et al. Rich feature hierarchies for accurate object detection and semantic segmentation[C]//Proceedings of the IEEE Conference on Computer Vision and Pattern Recognition，Columbus，2014：580-587.

[25] Girshick R. Fast R-CNN[C]//Proceedings of the IEEE International Conference on Computer Vision，Santiago，2015：1440-1448.

[26] Ren S，He K，Girshick R，et al. Faster R-CNN：Towards real-time object detection with region proposal networks[J]. Advances in Neural Information Processing Systems，2015，28.

[27] Chen X，Zou D，Zhao Q，et al. Manifold preserving edit propagation[J]. ACM Transactions on Graphics，2012，31（6）：1-7.

[28] Liu H，Liu F，Fan X，et al. Polarized self-attention：Towards high-quality pixel-wise regression[J]. arXiv preprint arXiv：2107.00782，2021.

[29] Zhu J Y，Krähenbühl P，Shechtman E，et al. Generative visual manipulation on the natural image manifold[C]//European Conference on Computer Vision. Cham：Springer，2016：597-613.

[30] Goodfellow I，Pouget-Abadie J，Mirza M，et al. Generative adversarial nets[C]//Proceedings of the 27th International Conference on Neural Information Processing Systems，Montreal，2014：2672-2680.

[31] Caesar H，Uijlings J，Ferrari V. Coco-stuff：Thing and stuff classes in context[C]//Proceedings of the IEEE Conference on Computer Vision and Pattern Recognition，Salt Lake City，2018：1209-1218.

[32] Glorot X，Bengio Y. Understanding the difficulty of training deep feedforward neural networks[C]//Proceedings of the 13th International Conference on Artificial Intelligence and Statistics，Sardinia，2010：249-256.

[33] Zhu J Y，Park T，Isola P，et al. Unpaired image-to-image translation using cycle-consistent adversarial networks[C]//Proceedings of the IEEE International Conference on Computer Vision，Venice，2017：2223-2232.

[34] Kingma D P，Ba J. Adam：A method for stochastic optimization[J]. arXiv preprint arXiv：1412.6980，2014.

[35] Huynh-Thu Q，Ghanbari M. Scope of validity of PSNR in image/video quality assessment[J]. Electronics Letters，2008，44（13）：800-801.

[36] Horé A，Ziou D. Image quality metrics：PSNR vs. SSIM[C]//2010 20th International Conference on Pattern Recognition，Istanbul，2010：2366-2369.

[37] Barratt S，Sharma R. A note on the inception score[J]. arXiv preprint arXiv：1801.01973，2018.

[38] Zhang R，Isola P，Efros A A，et al. The unreasonable effectiveness of deep features as a perceptual metric[C]//Proceedings of the IEEE Conference on Computer Vision and Pattern Recognition，Salt Lake City，2018：586-595.

[39] Yoo S，Bahng H，Chung S，et al. Coloring with limited data：Few-shot colorization via memory augmented networks[C]//Proceedings of the IEEE/CVF Conference on Computer Vision and Pattern Recognition，Long Beach，2019：

11275-11284.

[40] Vitoria P，Raad L，Ballester C. ChromaGAN：Adversarial picture colorization with semantic class distribution[C]// Proceedings of the IEEE/CVF Winter Conference on Applications of Computer Vision，Snowmass，2020：2434-2443.

[41] Wang Q L，Wu B G，Zhu P F，et al. ECA-Net：Efficient channel attention for deep convolutional neural networks[C]// Proceedings of the 2020 IEEE/CVF Conference on Computer Vision and Pattern Recognition，Seattle，2020：13-19.

[42] Hu J，Shen L，Sun G. Squeeze-and-excitation networks[C]//Proceedings of the IEEE Conference on Computer Vision and Pattern Recognition，Salt Lake City，2018：7132-7141.

[43] Zhang Q L，Yang Y B. SA-Net：Shuffle attention for deep convolutional neural networks[C]//ICASSP 2021-2021 IEEE International Conference on Acoustics，Speech and Signal Processing（ICASSP），Toronto，2021：2235-2239.

[44] Woo S，Park J，Lee J Y，et al. CBAM：Convolutional block attention module[C]//Proceedings of the European Conference on Computer Vision. Cham：Springer，2018：3-19.

[45] Su J W，Chu H K，Huang J B. Instance-aware image colorization[C]//Proceedings of the IEEE/CVF Conference on Computer Vision and Pattern Recognition，Virtual，2020：7968-7977.

[46] Park J，Woo S，Lee J Y，et al. BAM：Bottleneck attention module[J]. arXiv preprint arXiv：1807.06514，2018.

[47] Zhao Y，Po L M，Cheung K W，et al. SCGAN：Saliency map-guided colorization with generative adversarial network[J]. IEEE Transactions on Circuits and Systems for Video Technology，2021，31（8）：3062-3077.

[48] Yue G，Hou C，Zhou T. Blind quality assessment of tone-mapped images considering colorfulness，naturalness，and structure[J]. IEEE Transactions on Industrial Electronics，2019，66（5）：3784-3793.

[49] Huang K Q，Wang Q，Wu Z Y. Natural color image enhancement and evaluation algorithm based on human visual system[J]. Computer Vision and Image Understanding，2006，103（1）：52-63.

[50] Hasler D，Suesstrunk S E. Measuring colorfulness in natural images[C]//Human Vision and Electronic Imaging Ⅷ，Santa Clara，2003：87-95.

第5章 基于绘制的云南重彩画风格的数字模拟和合成

随着非真实感图形绘制技术研究的不断深化，国内外对各种艺术风格的数字化模拟做了很多尝试，其中对西方绘画风格的数字化模拟研究较多，如油画、点彩画、水彩画、钢笔画、铅笔画的数字化模拟。但对中国特有艺术风格的数字模拟研究开展得还不多，国内主要有浙江大学、天津大学、微软亚洲研究院等机构开展过中国山水画、书法、剪纸等中国传统艺术风格数字模拟的研究。中国特有艺术风格流派往往蕴藏着传统文化和民族文化最深的根源，有着很高的审美、文化和应用价值。随着世界各国对传统文化遗产和民族文化保护的日益重视，对中国特有艺术风格流派进行数字化建模的研究，受到越来越多学者的关注。

云南地处中国西南边疆，拥有25个少数民族，每个少数民族具有各自独特的生活习惯、民风民俗。由于文化背景的差异，很多民族在绘画上表现出鲜明的民族特点，如纳西族饱含神秘感的东巴画、白族充满高原风情的扎染画，还有在国内外享有盛名的云南重彩画。云南独特的民族文化，造就了云南独具民族风情的艺术风格。

云南重彩画是20世纪80年代初由丁绍光、刘绍荟、蒋铁峰等一批云南画家研创的。画作融合了东西方古典艺术和现代艺术的特色，色彩瑰丽，线条充满了音乐的旋律，构图饱满、造型严谨、肌理新颖和谐、笔墨色彩厚重，具有较强的美感和装饰性。内容大多反映云南优美的自然风光、少数民族风情和历史文化，具有浓郁的民族地方特色。图5.0-1为两幅丁绍光流派的云南重彩画作品[1]。本章立足于云南本土文化特色，选取以丁绍光为代表的云南重彩画绘画作品为研究对象，对云南重彩画艺术风格的数字合成技术展开研究。这对弘扬中国民族文化、促进非真实感绘制技术在西南地区的发展和应用具有积极的作用，是对中国艺术绘画流派进行计算机数字仿真与合成研究的有益补充。

图 5.0-1 丁绍光流派的云南重彩画作品

本章以云南重彩画为云南民族绘画风格的代表,分析归纳云南重彩画在构图、线条、纹理及色彩运用上的特点和规律,探索、研究相应的计算机模拟和仿真合成的非真实感绘制技术。重点针对云南重彩画基本图形元素提取、基本图形元素库的建立、白描图绘制、笔刷纹理和颜色模拟、图像轮廓线增强、纹理合成、色彩传递等多项关键技术进行研究,最终开发出云南重彩画仿真绘制软件系统。

5.1　基于绘制的云南重彩画风格合成研究思路及框架

云南重彩画具有鲜明的中国线条画和西方油画特点,其艺术风格的数字模拟及合成技术研究主要从五个方面展开:云南重彩画基本图形元素库的建立和管理、云南重彩画白描图绘制、云南重彩画特有纹理和颜色模拟、色彩传递算法及其在重彩画风格化绘制中的应用和纹理合成加速算法及其在重彩画风格化中的应用。

基本图形元素库提供白描图绘制的元素,如头发、脸型、躯干等。云南重彩画白描图绘制系统可以从图形元素库中挑选合适的图形元素进行组合搭配而产生云南重彩画白描图。云南重彩画笔刷纹理和颜色模拟负责对白描图着色,着色效果要能体现出重彩画绘画作品的纹理特征和颜色特征。色彩传递算法可以把重彩画作品中的颜色传递到合成图像中,让合成图像颜色更协调、更接近于重彩画绘画作品。纹理合成方法首先从云南重彩画中提取能够反映云南重彩画绘画特点的纹理,建立纹理样本库,在风格化绘制时,从纹理样本库中挑选相应的纹理进行肌肤、服饰和背景的合成。

图 5.1-1 是云南重彩画艺术风格数字模拟和合成系统的结构框图。

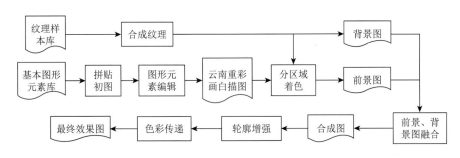

图 5.1-1　云南重彩画艺术风格数字模拟和合成系统的结构框图

5.2　云南重彩画基本图形元素库

云南重彩画是在云南发源并成长起来的一种民族风味浓郁的独特美术形式。作品融合了东西方古典艺术和现代艺术的特色,以中国画的线条造型,以西方现代绘画中的绚丽色彩为画面着色,内容大多反映云南优美的自然风光、少数民族风情和历史文化,具有浓郁的民族地方特色。云南重彩画中最具特色和最为有名的是丁绍光绘制的重彩画,丁绍光曾入选当今最具影响力的一百名画家之一,他的画作在国内外享有盛誉。因此本章选取以丁绍光绘画作品为代表的云南重彩画为研究对象，对云南重彩画艺术风格的非真实感绘制方法展开研究。

通过观察大量的云南重彩画绘画作品[1, 2]，我们发现它们具有一些共同的特点。首先，云南重彩画具有鲜明的中国工笔线条画特点，画面中的人物造型、场景设计都充满了灵动的线条，这些线条就像流淌的音乐，给人很强的美感。其次，云南重彩画作品中都有人物，而且人物绝大部分为少数民族女性，身材纤细，细腰、长脖、四肢修长，大手掌，大脚掌，眼睛微闭，没有眼珠，樱桃小嘴，头发主要分为发髻和长发，喜欢用流动交错的线条刻画长发随风飘动的灵动感，发髻则用规则排列的线条刻画其规整紧凑的形状，手臂通常有手镯、臂镯等装饰物，姿态主要为站立式、坐式和屈膝式，站立式飘逸修长，坐式端庄妩媚，屈膝式温柔安静，不管哪种姿态，人物四肢和躯干均呈现出整体拉长的感觉，具有很强的美感。本章在研究云南重彩画艺术风格的数字模拟时，必须要考虑以上特点如何表示出来，它们对重彩画艺术风格模拟的效果具有重要影响。

由于人物是云南重彩画中必不可少的部分，所以云南重彩画的风格化绘制首先要解决人物造型的问题。很多风格化绘制算法涉及人物处理时，从真实照片中提取人物形象，再通过算法对其进行风格化处理，如文献[3]~[5]，但这类算法通常不对人物进行变形处理，如改变身体各部分的比例、改变五官等。但云南重彩画中的人物形体夸张，与真实世界中的人物形体差别较大，身体各部分比例、四肢比例也与真实人物形象有很大的差异，因此从照片中直接提取人物轮廓很难表现出云南重彩画人物造型的特点，虽然可以通过一些变形算法对人物形体变形，但要完全模拟出重彩画的人物形象特点难度仍然很大。

蔡飞龙等[6]在对京剧脸谱进行数字合成时，收集了大量的京剧脸谱，从中提取京剧脸谱的主要构成元素，采用贝塞尔曲线对各元素进行建模；合成京剧脸谱时，先挑选合适的元素，通过贝塞尔曲线参数的调节，对元素形状进行调整，不同元素的搭配可以合成不同形状的京剧脸谱。Li 等[7]研究了 3D 中国剪纸的合成方法，同样收集了大量的剪纸作品，对作品进行分析，归纳出剪纸常用的纹样类别，收集整理成剪纸纹样库，仍采用贝塞尔曲线对各纹样进行建模；生成剪纸图案时，先从纹样库选取纹样，构建基本形状，再通过调节贝塞尔曲线参数对剪纸图案进行加工。闵锋和桑农[8]在生成多风格肖像画时，采用肖像画与或图来分离肖像画的结构和风格，对肖像画各个部分建立一组不同风格的模板库，通过模板匹配从模板库中挑选合适的模板，在一幅正面人脸图像上产生一系列不同风格的肖像画。这些文献在进行人物塑造时，都回避了从真实照片中提取人物形象，而是从已有的风格化作品中提取图形元素来造型。本章也从云南重彩画绘画作品中提取反映重彩画特点的图形元素，构建云南重彩画基本图形元素库，使用这些图形元素进行云南重彩画白描图绘制，以此来解决人物造型的问题。

本节重点讨论云南重彩画基本图形元素库的构建方法，包括确定图形元素的类别，研究图形元素的提取方式、建模方式、保存方式、管理方式等构建图形元素库的核心问题。在图形元素库的基础上，研究如何利用图形元素进行云南重彩画白描图的绘制，设计简单、快捷的图形元素编辑工具，提出方便、有效的绘制模式，从而生成云南重彩画白描图，这也是后续白描图着色渲染、色彩传递和纹理合成研究必不可少的基础。

5.2.1　云南重彩画基本图形元素库简介

本章用来提取云南重彩画基本图形元素的绘画作品选自云南重彩画最具代表性的丁绍光绘画作品。通过画册收集[1,2]，得到了 100 多幅高印刷质量的丁绍光绘画作品图片，采用高分辨率扫描将图片采集到计算机中，尽可能保证图片形状和颜色不失真。

5.2.2　云南重彩画基本图形元素库的组成

前面已对云南重彩画的绘画特点进行了归纳，人物造型是云南重彩画艺术风格数字模拟和仿真研究首先需要解决的问题。根据前面的分析归纳，在构建基本图形元素库时，既要考虑收集构成云南重彩画前景人物的基本图形元素，又要考虑后续绘制时便于操作和缩短绘制时间，图形元素不能太琐碎，最好有一定的整体感，所以选择图 5.2-1 所示的图形元素构建基本图形元素库。

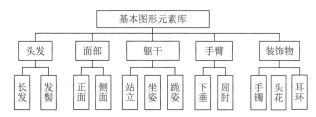

图 5.2-1　云南重彩画基本图形元素库的组成

5.2.3　图形元素的提取

图形元素提取是在云南重彩画绘画作品原图中，对准备提取的图形元素进行描点，如图 5.2-2 所示，并以这些点为控制点进行曲线拟合得到相应的轮廓曲线，从而达到对图

图 5.2-2　添加控制点

形元素线条轮廓的模拟，一个图形元素由若干条曲线组成，这些曲线的集合就是一个基本图形元素，再把它们添加并保存到图形元素库中。提取图形元素的流程如图 5.2-3 所示。

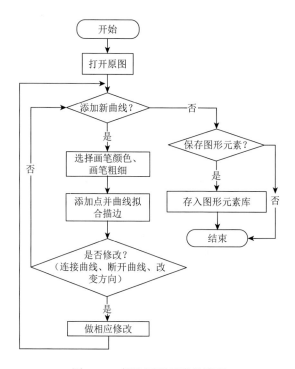

图 5.2-3　提取图形元素的流程

5.2.4　图形元素的建模

本节采用基数样条曲线拟合的方法对控制点进行曲线拟合[9]。基数样条曲线由满足 c^l 连续条件的样条曲线拼接得到，其中基数三次样条曲线使用较多，本节也采用基数三次样条曲线对控制点标记出的曲线进行建模。设有 n 个控制点，基数三次样条曲线用 $n-2$ 个三次多项式片段对除第一个和最后一个的所有点进行插值。基数样条有一个称为张力的参数，取值范围为 $[0, 1)$，它控制着曲线向下一个控制点弯曲的程度，表现点之间插值的"松紧"度。基数三次样条中每一个片段都有 4 个控制点。设片段 i 使用的控制点为 p_i、p_{i+1}、p_{i+2} 和 p_{i+3}，片段 i 从第二个控制点 p_{i+1} 开始，在第三个控制点 p_{i+2} 结束，片段开始点的导数由第一个和第三个控制点之间的向量决定，而片段结束点的导数由第二个和第四个控制点之间的向量决定，如图 5.2-4 所示，张力参数调整导数缩放的程度。第 i 段基数三次样条曲线的约束条件由式（5.2-1）给出，表达式由式（5.2-2）给出。

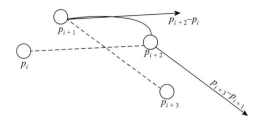

图 5.2-4　基数三次样条曲线的第 i 段

$$\begin{cases} f_i(0) = p_{i+1} \\ f_i(1) = p_{i+2} \\ f_i'(0) = 0.5 \times (1-t) \times (p_{i+2} - p_i) \\ f_i'(1) = 0.5 \times (1-t) \times (p_{i+3} - p_{i+1}) \end{cases} \qquad (5.2\text{-}1)$$

$$f_i(u) = a_i u^3 + b_i u^2 + c_i u + d_i, \quad u \in [0,1] \qquad (5.2\text{-}2)$$

式中，a_i、b_i、c_i、d_i 都为权重；$f_i(0)$ 和 $f_i(1)$ 是第 i 段的起点和终点；$f_i'(0)$ 和 $f_i'(1)$ 是第 i 段起点和终点的导数；t 是张力参数。适当选择张力参数可以控制插值点之间的形状，使基数样条平滑地穿过每一个控制点，不出现锐角和突变。为了让曲线过第一个和最后一个控制点，可以将第一个和最后一个控制点用两次，这样就可以实现所有控制点的插值。

5.2.5　图形元素的分级管理

由于提取的图形元素数量和种类较多，为了方便管理和查找使用，本节提出"页式"和"段式"两级管理模式对图形元素进行分级管理。

1. 按页管理

在库中可根据不同类别的图形元素，如面部、手臂、头发、躯干来建立不同的页，页的名称可以自己定义以方便使用，如 Face、Arm、Hair、Body。

2. 按段管理

每页可分为不同的段，用来表示同一类图形元素的不同表现，如面部有正面脸、左侧脸、右侧脸等，头发有发髻、长发等，躯干有站立、跪姿等，每个段可以折叠或展开，方便在图形元素较多时快速查找。段名也由用户自己定义，如 Arm 可分为 Left、Right。段的操作包括：添加新图形元素、删除或修改已有图形元素、重命名图形元素等。

图 5.2-5 给出了 Body 和 Face 的图形元素实例。Body 页包括三个段，分别对应"站立"、"坐姿"和"跪姿"三种姿态；Face 页也包括三个段，分别为"正面"、"左侧脸"和"右侧脸"。每个段中保存多幅同类型的图形元素。

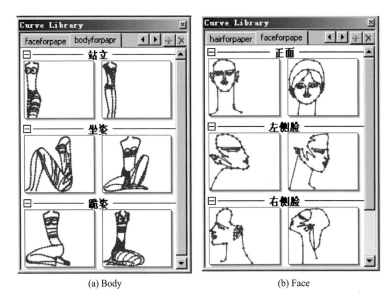

(a) Body　　　　　　　　(b) Face

图 5.2-5　图形元素的管理界面

图 5.2-6 给出了更多云南重彩画基本图形元素的实例。

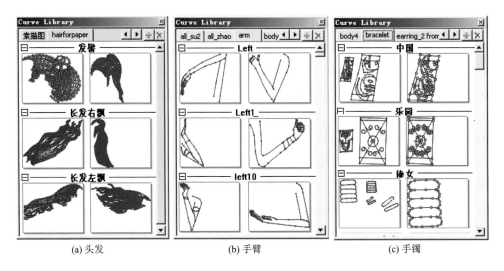

(a) 头发　　　　　　(b) 手臂　　　　　　(c) 手镯

图 5.2-6　其他类型的基本图形元素

5.3　云南重彩画白描图绘制

5.3.1　云南重彩画白描图绘制流程

基于云南重彩画基本图形元素库，本节提出了白描图的绘制算法。先从图形元素库中选择合适的图形元素构建白描图，对各个图形元素进行相应的可视化编辑，如放大、缩小、旋转等，还可通过调整图形元素曲线的控制点修改曲线形状，最终组合绘制出令人满意的云南重彩画白描图。白描图绘制的流程如图 5.3-1 所示。

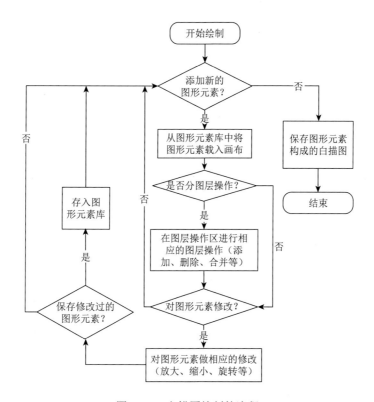

图 5.3-1　白描图绘制的流程

在白描图绘制过程中，我们必须解决以下三个关键问题。

1）白描图修改问题

从白描图绘制流程可以看出，白描图的绘制是通过对所选图形元素进行组合得到的。由于这些图形元素可能来自不同的原图，直接把它们组合在一起不能得到协调统一的绘制效果，而且为了组合出姿态各异的白描图，这些图形元素必须进行多方面的修改，才能满足最终的绘制要求。如何提供强大的图形元素修改功能，是白描图绘制遇到的第一个必须解决的问题。

2）图形元素互不干扰问题

在绘制过程中，图形元素会组合搭配在一起，这时如果需要对某个图形元素进行单独修改，则需要解决如何从白描图组合图中分离出需要修改的图形元素，实现对该元素的单独修改而不影响其他图形元素的问题。

3）白描图绘制信息保存问题

描图时，不一定一次就绘制出令人满意的白描图，可能会因为时间原因，需要分多次完成白描图的绘制。当需要对已经绘制好的白描图进行修改或对还没绘制好的白描图继续绘制时，需要解决如何保存白描图绘制信息以便今后的修改和后续绘制的问题。

5.3.2　云南重彩画白描图绘制方法

本节针对前面提出的云南重彩画白描图绘制需要解决的三个问题给出具体的解决方案并进行讨论。

1. 白描图的修改

针对白描图的修改问题，我们提出并实现了一个白描图的三级修改模式。

1）图形元素几何变换修改模式

几何变换主要指对图形进行平移、改变比例、旋转、对称（指镜像变换）等变换。当从基本图形元素库中选出用来组合白描图的图形元素后，由于它们来自不同的原图，在大小、比例方面肯定不能很好地搭配在一起，这时可以通过图形元素的几何变换对图形元素的位置、大小、比例、方向等进行修改。二维图形的几何变换采用式（5.3-1）完成：

$$[x'\ \ y'\ \ 1] = [x\ \ y\ \ 1] \times \begin{bmatrix} a & b & 0 \\ c & d & 0 \\ m & n & s \end{bmatrix} \qquad (5.3\text{-}1)$$

式中，$[x\ \ y\ \ 1]$ 是变换前坐标点的齐次坐标；$[x'\ \ y'\ \ 1]$ 是变换后坐标点的齐次坐标；$\begin{bmatrix} a & b & 0 \\ c & d & 0 \\ m & n & s \end{bmatrix}$ 是变换矩阵，当矩阵中的元素为不同的取值方式时，该矩阵可以完成不同的变换。图形元素的几何变换通过对构成它的各个控制点用变换矩阵进行变换后再重新绘制出修改后的图形元素来完成。

本节所提方法将每一个构建白描图的图形元素用一个包含所有曲线的最小矩形框框住，如图 5.3-2 所示。矩形框的四个顶点和四条边中间的点及矩形中心用小圆圈标识，作为几何变换操作点。用鼠标拖动矩形框或各个操作点，可实现对图形元素的平移、旋转、镜像和比例变换。图 5.3-2 给出了图形元素几何变换的实例。

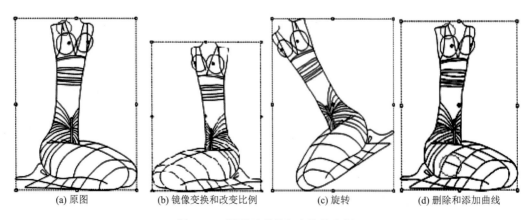

　　　(a) 原图　　　　　(b) 镜像变换和改变比例　　　(c) 旋转　　　(d) 删除和添加曲线

图 5.3-2　图形元素几何变换的实例

2）图形元素局部曲线修改模式

在构造白描图时，往往要把图形元素组合在一起，这时会出现图形元素重叠或连接处空白的问题，光靠图形元素的几何变换常常不能解决问题，需要对图形元素的局部区域进行修改，对重叠区删除多余线条，对空白区添加线条，或对已有线条进行形状修改，以达到修饰白描图效果的作用。为此，本节提出图形元素局部曲线修改模式。对需要修改的部分，可以用鼠标选中相应的曲线，这时该曲线的控制点会用小圆圈标记出来，如图 5.3-3 所示。通过改变控制点的位置、删除控制点、添加新的控制点、剪断曲线等方式对图形元素进行局部修改。对选中的曲线也可以进行整体的平移，还可以复制曲线或删除整条曲线。此外，我们还提供了画笔功能，可以用画笔快速添加新曲线。图 5.3-3 是删除和添加曲线的实例，图中圆圈部分对应删除和添加曲线的部分。

图 5.3-3　待修改曲线和它的控制点

3）白描图整体修改模式

把选中的图形元素组合在一起，并通过几何变换和局部曲线修改得到白描图后，还可以对整个白描图进行类似于图形元素一样的几何变换，即选中整个白描图，对它进行平移、旋转、镜像和比例变换，修改方法与图形元素类似。

以上三种修改模式可以根据白描图绘制的需要，多次交替反复应用，直到绘制出令人满意的白描图。需要补充的是，一幅白描图的绘制，需要对图形元素、曲线和控制点进行多次修改、变换、调整，这是一个创作过程，不能保证每一步的修改都令人满意，所以以上三种修改模式的每一步修改情况都会被记录下来，如果对某次修改过程不满意，可以回溯到修改前的状态，重新修改。

2. 白描图的分层绘制

由于白描图的整个绘制过程充满对图形元素、曲线、控制点的修改，如何准确定位修改区域并使修改不影响其他图形元素，是必须要解决的问题。为此，我们引入图层绘制概念，在不同的图层放置不同的图形元素，图层将保留图形元素的所有信息。使用图层的主要目的有两个。

（1）防止不同图形元素之间的相互干扰，使它们具有一定的独立性，可以分图层对白描图进行修改绘制。

（2）便于定位和操作。每个图层都拥有自己独立的画笔和属性，可以单独设置每个图层的可见性，也可以移动和合并图层等。

图 5.3-4 是分图层图形元素绘制过程的实例，图的左下方是图层管理区。

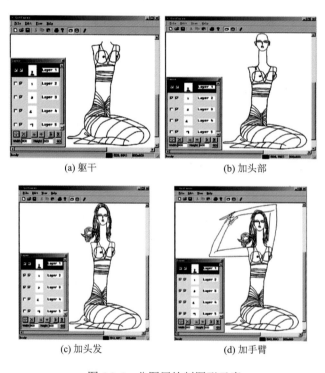

(a) 躯干　　　　　　　　　　(b) 加头部

(c) 加头发　　　　　　　　　(d) 加手臂

图 5.3-4　分图层绘制图形元素

5.3.3　云南重彩画白描图绘制实例

云南重彩画白描图的创作可通过图形元素的可视化编辑绘制完成。

图 5.3-5 是两幅利用云南重彩画图形元素绘制的白描图实例。每幅图的右边是绘制该图用到的图形元素，两个图例共用了躯干图形元素，手臂、面部和头发的图形元素不同。图例对躯干进行了对称变换，使原本朝左的躯干朝右。图 5.3-5（a）对手臂、头发等部分做了相应的几何变换，使四个图形元素很好地搭配在一起；图 5.3-5（b）中除躯干做了对

称变换外，还对脸部做了旋转变换，将原来朝左下方的脸旋转为正面左倾，删除了左臂上的臂镯以便和右臂一致。另外，对头发中遮住脸部的部分做了修改以保证脸部轮廓的清晰。从以上两幅绘制实例可以看出，利用重彩画图形元素进行白描图绘制，可以在较短的时间内完成整个白描图的绘制工作，而且由于图形元素库中的图形元素较多，可以选择不同的图形元素，组合搭配出不同姿态的白描图图案，从而带来绘制的乐趣。

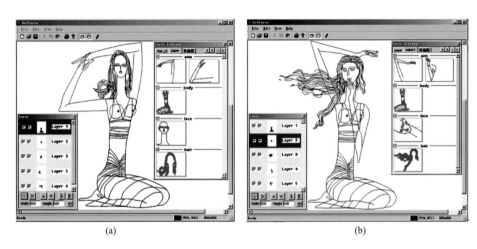

(a)　　　　　　　　　　　　　　　　　(b)

图 5.3-5　具有云南重彩画特点的白描图绘制实例

更多的绘制实例如图 5.3-6～图 5.3-8 所示。

图 5.3-6　蹲着的白描图人物

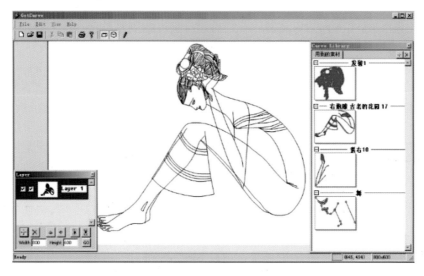

图 5.3-7　坐立屈膝的白描图人物

图 5.3-8　各种姿态的白描图人物

5.4　云南重彩画白描图的着色与渲染

云南重彩画是中国传统线条和绚丽的西方现代色彩相结合的画派，本章选取丁绍光的绘画作品[1, 2]作为代表来研究云南重彩画的风格化绘制方法。丁绍光重彩画线条画方面的特点在 5.2 节已经归纳过，本节主要对其纹理和颜色方面的特点进行归纳并模拟合成。

丁绍光云南重彩画作品具有独特的笔刷纹理，主要有刮痕状纹理和点块状纹理。刮痕状纹理主要位于肌肤区，具有明显的方向性，常常和躯干边缘垂直，纹理颜色主要为灰色，常有明暗过渡，用来表现躯干的立体感和光照情况，如图 5.4-1（a）所示的手臂、颈部等区域；点块状纹理多出现在服饰区，点块的大小不固定，常用来模拟不同颜色的混色，以表现服饰材质的特点，如图 5.4-1（b）所示的服饰区。

(a) 肌肤上刮痕状纹理　　　　　　　　　　　　(b) 服饰区点块状纹理

图 5.4-1　丁绍光重彩画作品中的纹理

在颜色上，肌肤主要为浅灰色、白色等，服饰区常常为 2~3 种颜色的混合，但总是以一种颜色为底色，在上面以刮痕状或点块状混合另一种或两种颜色。另外，丁绍光的画作色彩绚丽，强调"局部加强对比，整体调和统一"。在他的画面中，对比与调和是相互作用、不可分割的。对比方法主要有明度对比、冷暖对比、互补色对比与纯度对比。调和方法主要有对比色互调、色彩加白调和、降低纯度和互补色互相点缀的调和方式[10]，图 5.4-2 的《中国京剧》中就充分采用了以上的颜色对比与调和方法。

图 5.4-2　《中国京剧》中的色彩对比和调和

根据以上分析归纳的丁绍光云南重彩画色彩应用和渲染规律，针对云南重彩画特有的刮痕状、点块状纹理，本节提出参数可调 LIC 和多频率 LIC 重彩画特有纹理建模方法，构建了基于笔刷的刮痕状纹理绘制算法和基于填充的点块状纹理绘制算法，并用于云南重彩画白描图的着色和渲染中。笔刷绘制算法采用交互式方法，拖动笔刷定位纹理绘制的位置，通过调节 LIC 矢量场方向、噪声场浓度等参数，对纹理形态进行调整，从而模拟合成刮痕状纹理。填充绘制算法采用多频率 LIC 方法，采用均值滤波器构建多粒度 LIC 噪声场，并用图像增强方法对噪声颗粒进行增强，通过随机选择噪声点中心位置来决定不同颗粒噪声出现的区域，通过颗粒的不同大小来模拟云南重彩画点块状纹理。为了表现点块状纹理中的混色效果，本节提出在 RGB 空间按 LIC 结果对指定的前景色和背景色进行融合或在 HSV 空间选择相应的色彩通道进行 LIC 运算的两种混色模型，得到较好的色彩混色模拟效果。

此外，云南重彩画的轮廓线常常为中空状，本章称之为中空轮廓线，图 5.4-1 和图 5.4-2 中的轮廓线都具有这个特点。对于云南重彩画特有的中空轮廓线，我们提出了基于数学形态学的轮廓线增强算法，通过腐蚀、膨胀的运算组合，生成中空轮廓线，得到了很好的模拟效果。

背景是云南重彩画一个重要的组成部分，其装饰性非常强，图案和颜色与前景相呼应。本节主要讨论如何使背景和前景较好融合的算法，而背景的具体生成算法将在 5.4.4 节的纹理合成部分做详细介绍。

云南重彩画白描图的着色和渲染需要经过多个步骤的处理和修改，才能得到最终的重彩画数字合成图。为了能够对着色效果进行修改，需要保存着色渲染过程中的每一个处理步骤。为此，本章专门设计了保存白描图着色渲染过程的 TEX（Texture）文件，用它来保存每一个刮痕状纹理、点块状纹理、轮廓线等绘制参数，打开 TEX 文件可以对每一个绘制步骤进行修改。这部分工作与云南重彩画着色系统软件的设计实现有关，将在 5.4.5 节做详细介绍。

5.4.1　云南重彩画特有纹理的建模

本节基于 5.3 节绘制的云南重彩画白描图，重点研究其着色和渲染算法。由于刮痕状纹理和点块状纹理在云南重彩画中被大量使用，如何有效地模拟刮痕状纹理和点块状纹理是云南重彩画着色和渲染的关键问题。本节对云南重彩画特有纹理的建模方法进行讨论。

1. 线积分卷积算法

LIC 是 Cabral 和 Leedom 于 1993 年首次提出的矢量场可视化技术[11]。该算法的基本原理是将输入的白噪声图像沿矢量场方向进行局部模糊化后生成相应的可视化矢量场，它具有沿矢量场方向的纹理结构。算法将图像矢量场 V 和纹理参考图像 I_R（通常为白噪声图）作为输入，根据矢量场数据对参考图像进行卷积，获得输出图像 I_{out}。

假定 $\delta(s)$ 是一条经过点 P_0 且长度为 L 的流线，则 P_0 处的输出值用流线所经过的点按卷积核函数进行积分得到，如下：

$$\begin{cases} I_{out}(P_0) = \int_{s_0-L/2}^{s_0+L/2} k(s-s_0) I_R(\delta(s)) \mathrm{d}s \\ P_0 = \delta(s_0) \end{cases} \tag{5.4-1}$$

式中，s_0 是积分的起始位置，也称种子点；$k(\cdot)$ 是卷积函数；$I_R(\delta(s))$ 是流线 $\delta(s)$ 中所经点的噪声值。

其离散化形式如下：

$$\begin{cases} I_{out}(P_0) = \sum_{i=-L/2}^{i=L/2} k_i I_R(P_i) \\ P_i = \delta(s_0 + i \times w) \end{cases} \tag{5.4-2}$$

式中，w 为两个取样点间的距离，称为积分步长；k_i 为加权函数，且 $\sum_{i=-L/2}^{L/2} k_i = 1$；$i$ 为积分像素编号。

图 5.4-3 为 LIC 处理过程：将图 5.4-3（a）的矢量场和图 5.4-3（b）的白噪声图片作为两个输入，进行 LIC 计算，最后生成结果如图 5.4-3（c）所示。

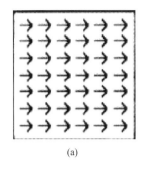 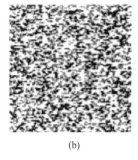 

(a)　　　　　　　　　　　(b)　　　　　　　　　　　(c)

图 5.4-3　LIC 处理过程

从图 5.4-3（c）可以看出，LIC 得到的图片具有明显的方向感，可以用来模拟带方向的条纹状纹理，改变矢量场方向可以改变纹理方向，改变噪声场的组成结构和浓度可以得到不同形态的纹理图。因此，可以对 LIC 算法进行改进后用来对云南重彩画特有纹理进行模拟和建模。

2. 线积分卷积参数与纹理模拟效果的关系

在式（5.4-2）中，LIC 积分步长 w、积分长度 L、矢量场方向、噪声场浓度是影响云南重彩画特有纹理建模效果的四个主要因素。本节通过大量实验，认真分析了 LIC 参数对纹理模拟效果的影响，归纳总结了 LIC 参数调节规则。图 5.4-4～图 5.4-8 给出了这四个参数对纹理模拟效果的影响情况。

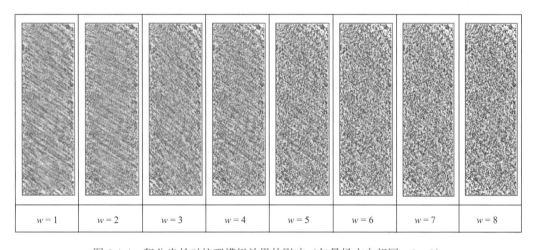

图 5.4-4　积分步长对纹理模拟效果的影响（矢量场方向相同，$L = 8$）

　　从图 5.4-4 可以看出，随着积分步长的增加，纹理线条的连贯性降低，从最初清晰的条纹状纹理，变为后面随机的点纹理，所以，积分步长不宜过大，否则将失去对纹理条纹形状的调控。

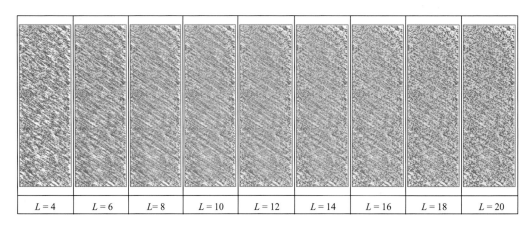

$L=4$	$L=6$	$L=8$	$L=10$	$L=12$	$L=14$	$L=16$	$L=18$	$L=20$

图 5.4-5　积分长度对纹理模拟效果的影响（矢量场方向相同，$w=1$）

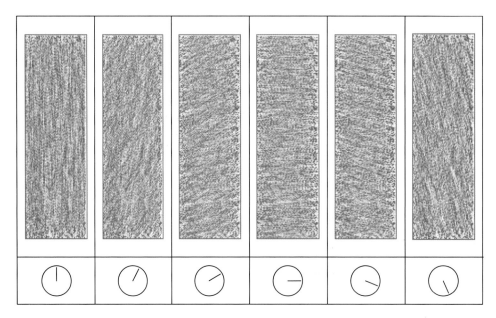

图 5.4-6　矢量场方向对纹理模拟效果的影响（$w=1$，$L=8$）

　　从图 5.4-5 可以看出，随着积分长度的增加，纹理线条的连贯性降低，图像渐渐模糊，这是因为积分长度变长，对图像的模糊效应增强，纹理线条由清晰变为模糊。从图 5.4-6 可以看出调节矢量场方向可以改变纹理的方向。

　　从图 5.4-7（a）可以看出，当矢量场方向随机、积分步长由小增大时，块状纹理逐渐模糊，逐步由块状向点状转换。从图 5.4-7（b）则可看出，随积分长度的增加，块状纹理逐渐模糊。

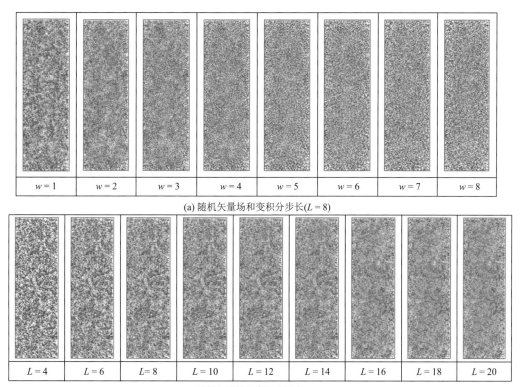

(a) 随机矢量场和变积分步长(*L* = 8)

(b) 随机矢量场和变积分长度(*w* = 1)

图 5.4-7　随机矢量场对纹理模拟效果的影响

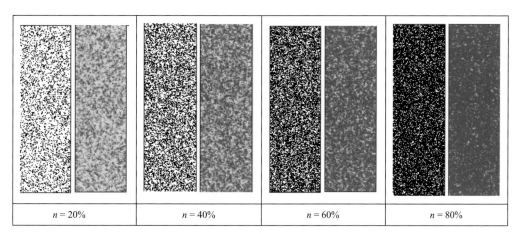

图 5.4-8　噪声场浓度对纹理模拟效果的影响（*w* = 1，*L* = 8）

　　图 5.4-8 中每个子图的左边是噪声场，右边是生成的纹理，矢量场方向随机。当噪声场浓度越来越大（即噪声频率越来越高）时，纹理的浓度也越来越大，纹理结块的现象越来越明显。

　　通过以上一系列的实验，可以归纳总结出具有参考价值的 LIC 参数对纹理模拟效果影响的规则。

　　（1）若要生成具有明显方向的纹理，应采用带方向的矢量场。

（2）若要生成纹理清晰、线条连贯的纹理，积分步长应尽量小。

（3）调整积分长度可以改变线条的清晰度和浓密度。

（4）若要生成纹路不清晰或者没有明显方向的纹理，应采用随机的矢量场。

（5）若希望块状纹理较明显，可把噪声场浓度设大一些，积分长度不宜太大。

由此，本节提出参数可调和多频率 LIC 方法对云南重彩画的刮痕状和点块状纹理进行建模，通过调节 LIC 的积分步长、积分长度、矢量场方向、噪声场浓度等参数调节刮痕状纹理或点块状纹理的形态。

5.4.2　云南重彩画刮痕状纹理的笔刷绘制算法

观察丁绍光的云南重彩画作品可以看到，很多地方用到了刮痕状纹理，其中人物肌肤用得最多，它们通常与躯干边界垂直，颜色多为灰色，如图 5.4-1（a）所示。此外，在服饰部分，也会采用刮痕状纹理来刻画服饰的材质和色彩混合情况。本节提出了基于笔刷的云南重彩画刮痕状纹理绘制算法，通过笔刷绘制的方式，灵活指定刮痕状纹理生成的区域，实现添加刮痕状纹理的目的。绘制的流程图如图 5.4-9 所示。

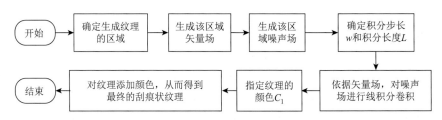

图 5.4-9　基于笔刷的刮痕状纹理绘制流程图

首先通过操作鼠标来模拟笔刷的移动，并确定需要添加纹理的区域；然后在绘制区域生成 LIC 必备的两个要素（矢量场和噪声场）；在进行 LIC 绘制时，根据需要生成纹理的特征，调节 LIC 积分步长 w 及积分长度 L，并设定纹理的颜色，最终绘制出所需要的带有指定颜色和方向的刮痕状纹理。下面给出具体的实现步骤。

1. 确定生成笔刷纹理的区域

在进行刮痕状纹理的 LIC 绘制前，需要在白描图中确定纹理绘制的区域，这样才能在该区域内生成矢量场和噪声场。在基于笔刷绘制的纹理生成算法中，笔刷有三种类型：点状、直线状和曲线状。这三种类型笔刷的纹理绘制区域确定方法分别如下。

1）直线状笔刷绘制区域

通过交互方式在白描图上移动鼠标来确定纹理绘制区域。笔刷的直径可以调节，它决定了直线状笔刷的宽度。把笔刷中心经过的所有点进行直线拟合得到的直线的长度就是笔刷的长度，它们确定一个矩形框，这个矩形框就是纹理绘制的区域。

2）点状和曲线状笔刷绘制区域

在利用交互方式添加点状或曲线状笔刷时，点或所画曲线包围而成的区域就是纹理生成区域，算法在该区域设定矢量场和噪声场并进行 LIC 运算，但最终绘制的纹理只在笔刷途经区域内显示，多余的纹理会被笔刷边界裁剪掉。

2. 产生绘制区域矢量场

通常矢量场包括两个要素：方向和大小，但在云南重彩画纹理模拟中，不需要为矢量场设置大小，只需在绘制区域为每个像素点设置方向。为了模拟笔刷呈现出的活泼的方向感，首先生成一个方向矢量场 V，用矢量场控制整个纹理的绘制方向，由于画家创作时并非严格按照特定的方向绘制，存在一定的随意性，为了模拟这种绘画手法，对生成的方向矢量场增加一定的随机扰动，使矢量场方向在保证整体方向不变的情况下，有微小变化，从而产生活泼、灵动的方向场。

设 $p(x,y)$ 是纹理绘制区域中某个像素点的坐标，$V(x,y)$ 是该像素的矢量场，$V_x(x,y)$ 表示 $p(x,y)$ 矢量场的 x 方向，$V_y(x,y)$ 表示 $p(x,y)$ 矢量场的 y 方向，有以下两种产生矢量场的方法。

1）带同一方向的矢量场

带同一方向的矢量场是指纹理绘制区域整体带有明显相同方向的矢量场，其产生步骤如下。

（1）指定矢量场方向 α，该方向是以与 x 正向坐标轴的夹角来衡量的。

（2）$V_x(x,y)=\cos(\alpha)+\text{rand}(0.1,0.3)$，$V_y(x,y)=\sin(\alpha)+\text{rand}(0.1,0.3)$。

在纹理绘制区域移动笔刷时，把笔刷移动方向的垂直方向作为矢量场方向 α 的默认值，该方向在肌肤区通常与肌肤边界垂直，符合云南重彩画肌肤纹理的特点，同时 x 方向和 y 方向上又叠加了 0.1～0.3 的随机量以实现对矢量场方向的扰动，防止产生的矢量场太生硬死板。

2）随机方向矢量场

随机方向矢量场指纹理绘制区域中每个像素的矢量场方向并不相同，整体没有明显的相同矢量场方向，其产生步骤如下。

（1）对于区域中每一个像素点 $p(x,y)$，产生一个 0°～360° 的随机矢量场方向 $\alpha=\text{rand}(0,360)$。

（2）$V_x(x,y)=\cos(\alpha)$，$V_y(x,y)=\sin(\alpha)$。

随机方向矢量场在可视化后，将产生相对杂乱的纹理，可以表现云南重彩画中没有同一方向特征的纹理，如部分服饰区内的颜色纹理分布。

3. 产生绘制区域噪声场

噪声场 N 是 LIC 的对象，在噪声场上沿矢量场方向进行积分卷积后实现矢量场的可视化，所以需要在纹理生成区域内产生噪声场，通过调整噪声场的浓度、分布方式来控制最终生成纹理的深浅度和纹理细节出现的位置。

对于所确定的纹理绘制区域，设 $N(x,y)$ 为 $p(x,y)$ 点处的噪声值，它为分布在 10～20 区间中的某一个灰度值，以下三种方法可以确定 $N(x,y)$。

1）均匀分布随机噪声

设噪声场浓度为 $n\%$，对绘制区域内每一个像素点产生一个 $0\sim100$ 的随机值 $s(x,y)$，则像素点 $p(x,y)$ 处的噪声值 $N(x,y)$ 由式（5.4-3）来确定：

$$\begin{cases} s(x,y) = \mathrm{rand}(0,100) \\ N(x,y) = \begin{cases} \mathrm{rand}(10,20), & s(x,y) \leqslant n \\ 255, & s(x,y) > n \end{cases} \end{cases} \tag{5.4-3}$$

2）高斯噪声

高斯噪声即生成的噪声点在纹理绘制区域内具有高斯分布的特征，生成高斯噪声的步骤如下。

（1）设噪声场浓度为 $n\%$。

（2）令绘制区域内每一个像素点 $p(x,y)$ 的初始噪声值为 $N(x,y)=255$。

（3）设绘制区域有 m 个像素，$m=\mathrm{RWidth}\times\mathrm{RHeight}$，RWidth 和 RHeight 是绘制区域的宽和高，令 $q=m\times n\%$ 为绘制区域中噪声点的个数，生成 q 个符合高斯分布的随机数序列 $s_i(i=1,2,\cdots,q)$，s_i 的取值区间为 $0\sim(\mathrm{RWidth}-1)$，即 s_i 是像素点在某一行的列坐标。本节根据独立同分布的多个随机变量和的分布趋近于正态分布的理论来产生 s_i：

$$\begin{cases} x_k = \mathrm{rand}(0,1), & k=1,2,\cdots,12 \\ s_i = \dfrac{\sum\limits_{k=1}^{12} x_k}{12}(\mathrm{RWidth}-1), & i=1,2,\cdots,q; q=m\times n\% \end{cases} \tag{5.4-4}$$

式中，x_k 是 $(0,1)$ 区间均匀分布的随机变量。

（4）修改绘制区域中的 $(s_i,\mathrm{rand}(0,\mathrm{RHeight}-1))$ 像素的噪声值 $N(s_i,\mathrm{rand}(0,\mathrm{RHeight}-1))=\mathrm{rand}(10,20)$，其中 $\mathrm{rand}(0,\mathrm{RHeight}-1)$ 是随机选择噪声点的行号。

3）自定义噪声

自定义噪声是指绘制区域每一行的噪声频率可自己调节（仅适用于直线状笔刷）。首先根据用户希望生成的噪声场分布，绘制自定义噪声频率曲线，曲线的横坐标是噪声场的频率，频率越高，噪声浓度越大；曲线的纵坐标是噪声场的行坐标，如图 5.4-10（c）所示。

对绘制区域内的第 i 行，进行如下操作。

（1）令第 i 行每一个像素点 $p(x,i)$ 的初始噪声值为 $N(x,i)=255$。

（2）由自定义噪声频率曲线得到第 i 行噪声频率，可用浓度等价表示，设第 i 行噪声浓度为 $n_i\%$，这一行有 m_i 个像素点。

（3）产生 $q=m_i\times n_i\%$ 个符合均匀分布的随机数序列 $s_k=\mathrm{rand}(0,m_i-1)$，$k=1,2,\cdots,q$。

（4）修改 $p(s_k,i)$ 处的噪声值 $N(s_k,i)=\mathrm{rand}(10,20)$，$k=1,2,\cdots,q$。

三种噪声产生方法生成的噪声如图 5.4-10 所示。

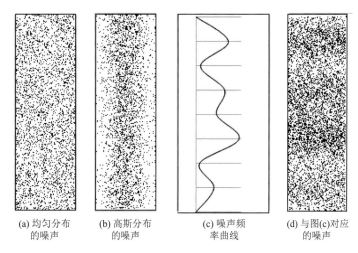

(a) 均匀分布　　(b) 高斯分布　　(c) 噪声频　　(d) 与图(c)对应
的噪声　　　　的噪声　　　率曲线　　　　的噪声

图 5.4-10　三种方法生成的噪声对比

4. 对噪声场进行线积分卷积

对噪声场进行线积分卷积是 LIC 算法的核心，它的输入是绘制区域的噪声场和矢量场，输出是带有某种方向性特征的刮痕状纹理。

设图 5.4-11（a）为绘制区域矢量场，每个网格代表一个像素点，网格内方向为该像素的矢量场方向，图 5.4-11（b）为绘制区域噪声场，网格内的值为该像素的噪声值。设图 5.4-11（c）中当前计算 LIC 的像素点为 $s_0(x,y)$（黑色填充的像素），积分步长为 w，积分长度为 L，则从图 5.4-11 所示的线积分卷积示意图中可以看到，图中被涂上颜色的像素点代表积分所经过的路径，即从像素点 $s_0(x,y)$ 开始，分别沿该像素点的矢量场方向及反方向根据步长寻找积分点，直至达到积分长度为止。进行线积分卷积的具体步骤如下。

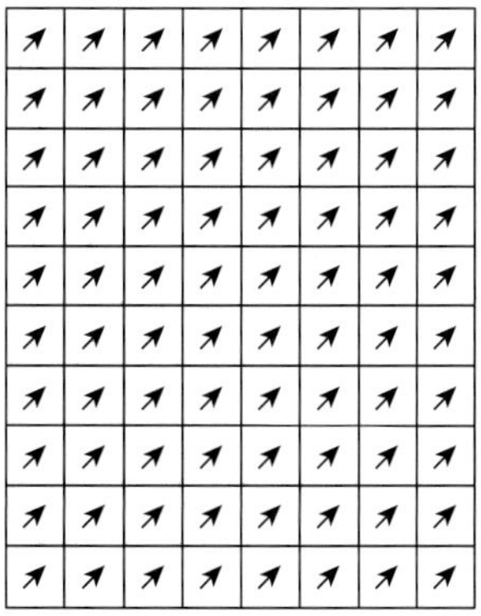

13	255	20	255	255	17	255	9
255	16	255	19	255	255	15	255
14	255	255	18	255	255	17	255
17	255	255	255	14	18	255	19
255	15	19	11	255	255	13	255
13	255	255	12	255	18	20	255
16	19	15	255	255	13	255	12
255	17	12	15	255	255	17	255
18	255	255	13	18	20	255	255
16	14	255	18	19	255	16	255

(a) 区域矢量场示意图　　(b) 区域各像素噪声值示意图　　(c) 线积分卷积

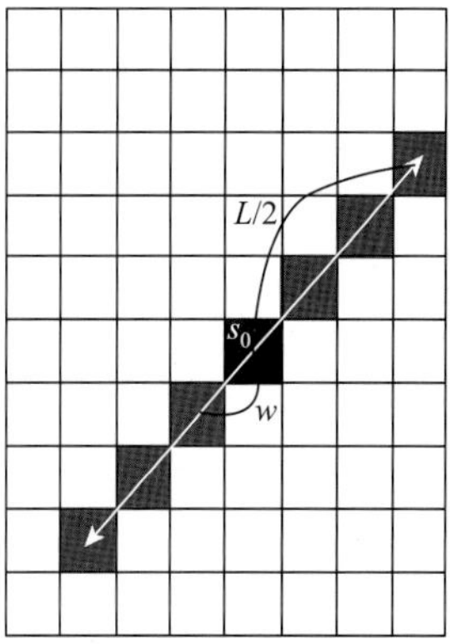

图 5.4-11　线积分卷积示意图

（1）确定积分步长 w 和积分长度 L。

（2）计算点 $s_0(x, y)$ 处的 LIC 输出值，按照式（5.4-5）计算：

$$I_{out}(s_0) = \sum_{i=-L/2}^{L/2} k(s_i)N(s_i) \tag{5.4-5}$$

式中，s_0 代表当前积分点；s_i 代表积分路径上的第 i 个积分点，$i \in (-L/2, L/2)$；$N(s_i)$ 代表点 s_i 的噪声值；$k(s_i)$ 代表积分点 s_i 在积分结果中所占的权重，$k(s_i)$ 满足式（5.4-6）的约束条件，本节按照式（5.4-7）来确定 $k(s_i)$，它表示 s_i 离当前所求点 s_0 越近，则对该点积分贡献越大，反之，贡献越小。

$$\sum_{i=L/2}^{L/2} k(s_i) = 1 \tag{5.4-6}$$

$$k(s_i) = \frac{\dfrac{L}{2} + 1 - |i|}{\left(\dfrac{L}{2} + 1\right)^2} \tag{5.4-7}$$

对绘制区域中每一个像素点进行线积分卷积后，得到中间结果图记为 I，$I(x, y)$ 表示在图 I 中像素点 $p(x, y)$ 处的 LIC 结果值。

5. 确定笔刷纹理的颜色

设刮痕状纹理的颜色为 $C_1(r, g, b)$，其中 r、g、b 分别为指定颜色 C_1 在 RGB 颜色空间中的红、绿、蓝分量值。刮痕状纹理最终显示的颜色值由线积分卷积的结果确定。

（1）设像素 $p(x, y)$ 处颜色 C_1 的显示强度为 α_{xy}，其计算公式如式（5.4-8）所示：

$$\alpha_{xy} = 1 - (I(x, y) - I_{min}) / (I_{max} - I_{min}) \tag{5.4-8}$$

式中，I_{min} 和 I_{max} 分别是图 I 中的最小值和最大值，这样 α_{xy} 归一化为 0～1。

（2）根据显示强度，计算最终显示在绘制区域中的像素点 $p(x, y)$ 的颜色值 $rC_1(r, g, b)$。

$$\begin{cases} rC_1.r = \alpha_{xy}C_1.r + (1 - \alpha_{xy})C_0.r \\ rC_1.g = \alpha_{xy}C_1.g + (1 - \alpha_{xy})C_0.g \\ rC_1.b = \alpha_{xy}C_1.b + (1 - \alpha_{xy})C_0.b \end{cases} \tag{5.4-9}$$

$C_0(r, g, b)$ 是 $p(x, y)$ 的初始颜色，当笔刷有重叠时，$C_0(r, g, b)$ 保存的是前一次刮痕状纹理的颜色，在重叠区，$C_0(r, g, b)$ 和 $C_1(r, g, b)$ 按式（5.4-9）进行融合，可实现多种颜色的混色；如果是第一次绘制刮痕状纹理，则 $C_0(r, g, b)$ 为白色。

图 5.4-12 展示了利用以上步骤绘制的刮痕状纹理，它们与云南重彩画中的刮痕状纹理非常相似。

5.4.3　云南重彩画点块状混色纹理的填充绘制算法

如图 5.4-1（b）所示，云南重彩画中有大量由线条组成的几何区域，它们通常用来表现服饰图案。在这些几何区域中，常常整个区域被 2～3 种颜色填满，颜色之间的关系是：

(a) 直线状笔刷　　　　(b) 曲线状笔刷　　　　(c) 点状笔刷

图 5.4-12　笔刷绘制算法模拟的刮痕状纹理效果

以一种颜色为底色，其他颜色在其基础上进行混色。为了模拟如图 5.4-1（b）所示服饰上的两三种颜色混色且具有点块状纹理的特征，本节提出多频率 LIC 的方法对这类纹理进行建模。通过设置不同频率的噪声场，使噪声场在整体分布上呈现出按不同频率分块聚集的效果，LIC 后则呈现出块状的纹理结构。通过调节噪声频率和频率个数，可控制点块状纹理结构的大小和出现的位置。当设置的频率数为单一频率时，得到相对均匀的纹理；当频率数为多个时，则会得到多个块状的纹理，很好地对重彩画点块状纹理进行了模拟。为了表现点块状纹理中的混色效果，本节提出在 RGB 空间按 LIC 结果对指定的前景色和背景色进行融合或在 HSV 空间选择相应的色彩通道进行 LIC 运算的两种混色模型，得到较好的色彩混色模拟效果。

1. 云南重彩画点块状纹理的多频率 LIC 实现算法

多频率 LIC 方法最早也用于矢量场的可视化，为了表示矢量场的大小，Kiu 和 Banks[12]把单一频率噪声场改为多频率噪声场，用高频率噪声对应小矢量，用低频率噪声对应大矢量。文献[13]提出了类似的多粒度 LIC 方法，用小粒度（高频率）噪声对应小矢量，用大粒度（低频率）噪声对应大矢量。

图 5.4-13 给出了多频率 LIC 方法的效果图，图 5.4-13（a）是单一频率的噪声场用水平矢量场 LIC 后得到的图，图中纹理颗粒相对均匀。图 5.4-13（b）是四个频率噪声场（由下向上，频率由高变低）用水平矢量场 LIC 后得到的图，图中纹理的颗粒尺寸与各噪声场频率相对应，高频率噪声生成小颗粒纹理结构，低频率噪声生成大颗粒纹理结构，通过调节噪声场频率组成，可在同一个 LIC 图像中产生不同粒度的纹理结构。

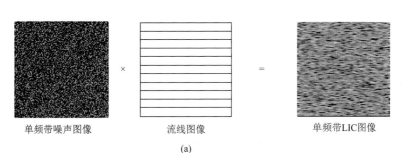

　　单频带噪声图像　　　　　　　　流线图像　　　　　　　　单频带LIC图像

(a)

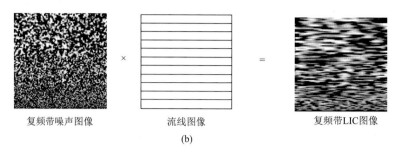

复频带噪声图像　　　　　　　流线图像　　　　　　　复频带LIC图像

(b)

图 5.4-13　多频率噪声场的 LIC 方法[12]

多频率 LIC 矢量场可视化方法为云南重彩画点块状纹理的模拟带来了启示：通过设置多频率噪声场生成多个噪声浓度区域，每个频率噪声出现的位置在噪声场中是随机的，这样 LIC 后就能产生粒度大小不同、分布随机的纹理结构，可以用来对云南重彩画的点块状纹理进行模拟。该方法具有很大的灵活性。不同的频率数决定了点块状纹理包含的不同粒度纹理的数量；不同频率噪声出现的位置决定了点块状纹理的不同结构组成；不同的频率决定了点块状纹理中某个纹理结构的粒度大小；另外，LIC 积分长度、积分步长、矢量场方向仍对点块状纹理形状具有调节作用。

根据以上分析，云南重彩画点块状纹理的多频率 LIC 算法的关键问题是如何生成多频率噪声场，涉及噪声场频率数、频率大小、各频率噪声场分布位置等参数的设定。其他环节如矢量场方向、LIC 积分步长、积分长度等与 5.4.1 节类似。

1）多频率噪声场生成流程图

图 5.4-14 给出了多频率噪声场生成的流程图。

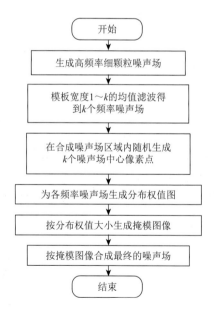

图 5.4-14　多频率噪声场生成的流程图

首先生成单一高频率噪声场，然后用不同模板的均值滤波器滤波后得到多个频率的噪声场，在合成噪声场区域内确定各频率噪声分布的中心位置，按噪声掩模图像合成最终的多频率噪声场。

2）各频率噪声场的生成

首先按 5.4.2 节介绍的方法生成高浓度的噪声场，记为 N_1，噪声值仍随机设定在 10～20 的灰度值。然后对该高浓度噪声场图像用 $W \times W$ 的模板进行均值滤波。因为均值滤波相当于图像通过低通滤波器，可以对高浓度图像起到一定的模糊作用，从而产生粗颗粒的噪声，降低了噪声出现的频率。为了合成多粒度噪声，可以调节均值滤波器模板的宽度，模板越宽，滤波后的图像越平滑，空间频率越低。但模板也不能太宽，因为太宽会使噪声图像过于模糊，丢失细节信息，所以在云南重彩画仿真中 W 只取 1～5，最多产生五个频率级别的噪声场，记为 N_1、N_2、N_3、N_4 和 N_5。图 5.4-15 是用均值滤波器得到的不同频率的噪声场，图 5.4-15（a）～图 5.4-15（e）分别对应模板宽度 W 取值 1～5 产生的噪声场。

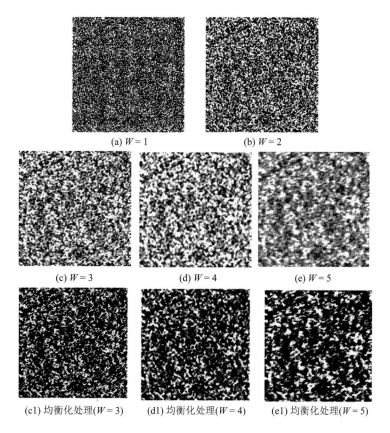

图 5.4-15　用均值滤波器得到的不同频率的噪声场

从图 5.4-15 可以看出，虽然均值滤波器的模板宽度 W 取值仅为 1～5，但当 $W = 3$、4、5 时，噪声场还是出现明显模糊，所以在用这些多频率噪声场构造最终的合成噪声场之前，先对它们进行直方图均衡化处理，以提高噪声颗粒的灰度对比度，得到的对应噪声场在图 5.4-15（c1）～图 5.4-15（e1）中显示，从图中可以明显看到，噪声场的噪声颗粒度明显变清晰了。

3）各频率噪声场分布权值图

准备好 5 个不同频率的噪声场后，就可以根据实际需要的噪声场频率数来构建最终的合成噪声场。但需要解决各个频率的噪声在合成噪声场中的分布位置，为此可以为每一个参与构造合成噪声场的单一频率噪声构造掩模图像，以确定它在合成噪声场中的位置。

设合成噪声场用 S 表示，它包含的噪声频率数为 k 个（$k \leqslant 5$）。首先为每一个单一频率噪声建立噪声分布权值图（noise distribution weight map，NDWM），该图用来决定单一频率噪声在合成噪声场中的分布位置。在 S 内随机定位 k 个像素点 $p_m (m = 1, 2, \cdots, k)$，第 m 个像素点认为是第 m 个噪声场的中心位置，它的第 m 个噪声场分布权值最大，表示该像素完全隶属于第 m 个噪声场，其他像素点的噪声分布权值与它们和 p_m 的距离成反比，距离越远，则该像素的第 m 个噪声场分布权值越小，表示该像素隶属于第 m 个噪声场的可能性越低。

为了表示噪声分布权值与像素到噪声场中心位置的空间距离 d 成反比的关系，需要一个满足如下约束条件的函数：

$$\begin{cases} f(0) = 1, \quad \lim_{d \to +\infty} f(d) = 0 \\ d \in [0, +\infty) \end{cases} \tag{5.4-10}$$

本节提出式（5.4-11）的函数来计算像素 $p(x, y)$ 的第 m 个噪声场分布权值：

$$\begin{cases} \mathrm{NDW}_{x,y}^m = \dfrac{1}{1 + \left(\dfrac{d_{x,y}^m}{d_c^m} \right)^N} \\ d_{x,y}^m = \sqrt{(x - x_{p_m})^2 + (y - y_{p_m})^2} \end{cases}, \quad x, y \in S; m = 1, 2, \cdots, k; N \geqslant 1 \tag{5.4-11}$$

式中，$\mathrm{NDW}_{x,y}^m$ 表示像素 $p(x, y)$ 的第 m 个噪声场分布权值；$d_{x,y}^m$ 表示像素 $p(x, y)$ 与第 m 个噪声场的中心像素 p_m 的距离；d_c^m 表示令 $\mathrm{NDW}_{x,y}^m = \dfrac{1}{2}$ 的距离，因为 $d_{x,y}^m = d_c^m$ 时，$\mathrm{NDW}_{x,y}^m = \dfrac{1}{2}$；$N$ 表示幂次方，N 越大，则当 $d_{x,y}^m > d_c^m$ 后，$\mathrm{NDW}_{x,y}^m$ 迅速衰减并趋近于零。这个函数类似于一个低通滤波器，与中心像素 p_m 距离近的像素被赋予大权值，表示它们隶属于第 m 个噪声场的概率高。通过调节 d_c^m 的值可以决定第 m 个噪声场在合成噪声场中的分布面积，d_c^m 越大，则第 m 个噪声场占合成噪声场的比例越大。

在云南重彩画中，块状纹理主要分布在以点状纹理为背景的区域，其在整个绘制区域中的分布比例没有点状纹理高，所以应对低频、大颗粒噪声（对应块状纹理）设置较小的 d_c^m，使其占合成噪声场的分布比例小，而对高频、小颗粒噪声（对应点状纹理）设置较大的 d_c^m，使其占合成噪声场的分布比例大。N 在本节任务中不能设得太大，否则当 $d_{x,y}^m > d_c^m$ 后，会形成截止区，使合成噪声图产生较为明显的分块效应，所以 N 一般取 1 或 2。

图 5.4-16 是假设 $k=5$，在 200 像素×200 像素的区域内随机生成五个像素点作为五种频率噪声场的中心像素点，应用式（5.4-11）计算出的各个噪声场的分布权值图。这五个中心像素点为

$$p_1=(160,187), \quad p_2=(143,43), \quad p_3=(47,159), \quad p_4=(33,52), \quad p_5=(73,122)$$

与这五个中心像素点相对应的噪声场分布权值函数参数分别为 $p_1:d_c^1=150$，$N=2$；$p_2:d_c^2=180$，$N=1$；$p_3:d_c^3=90$，$N=2$；$p_4:d_c^4=60$，$N=1$；$p_5:d_c^5=100$，$N=1$。

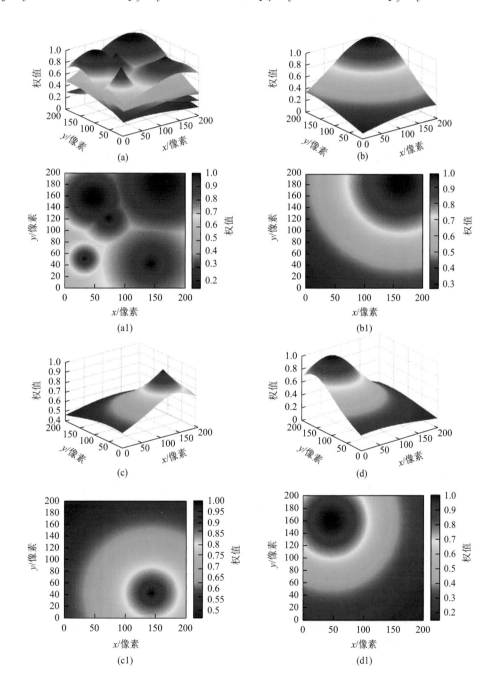

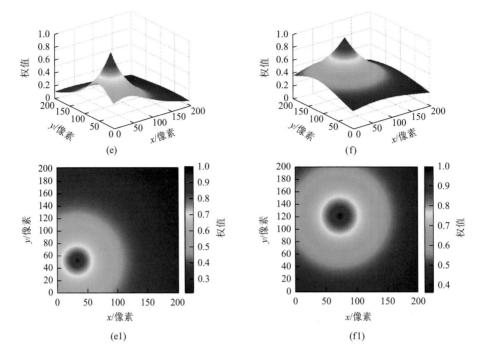

图 5.4-16　噪声场分布权值图

图 5.4-16（a）～图 5.4-16（f）是噪声场分布权值三维图像，底面表示 200 像素×200 像素的噪声场，垂直坐标表示权值大小，从三维图像可以清楚地看到各个噪声场分布权值图的中心位置，以及周围像素与噪声场中心像素距离增长、权值下降的过程；图 5.4-16（a1）～图 5.4-16（f1）是三维图像对应的 200 像素×200 像素噪声场的投影图，能够清晰地看出中心像素的位置，通过颜色的变化看到权值随距离变化的情况。其中，图 5.4-16（a）和图 5.4-16（a1）是所有噪声场分布权值图叠加后得到的图像，从中可以清楚地看到各个噪声场在合成噪声场中的分布情况、影响区域和影响力的大小。另外，还可从图 5.4-16（a1）中看出，各个频率噪声场的边界有可能是直线，如图中黄色区域，说明相邻的噪声场在黄色区域中两者的权值非常接近，这会造成后续掩模图像有明显的边界。

4）噪声场掩模图像及合成噪声场

用式（5.4-9）为合成噪声图中的每一个像素点计算出它们对每一个噪声场的权值后，可以根据权值大小决定该像素属于哪个噪声场。像素属于某个噪声场的规则是：该像素对这个噪声场的权值最大。用式（5.4-12）来计算每一个噪声场的掩模图像：

$$I_{\text{mask}}^m(x,y)=\begin{cases}1,&\text{NDW}_{x,y}^m=\max(\text{NDW}_{x,y}^1,\text{NDW}_{x,y}^2,\cdots,\text{NDW}_{x,y}^k)\\0,&\text{其他}\end{cases},\quad m=1,2,\cdots,k;x,y\in S$$

（5.4-12）

式中，$I_{\text{mask}}^m(x,y)$ 表示第 m 个噪声场掩模图像在像素 (x,y) 的值，它的取值只有两种，当第 m 个噪声场的 $\text{NDW}_{x,y}^m$ 在像素 (x,y) 最大时，$I_{\text{mask}}^m(x,y)$ 等于 1，表示像素 (x,y) 属于第 m 个噪声场；当 $\text{NDW}_{x,y}^m$ 不是最大的权值时，$I_{\text{mask}}^m(x,y)$ 等于 0，表示该像素不属于第 m 个噪

声场。计算出每个噪声场的掩模图像后，按式（5.4-13）得到合成噪声图：

$$N(x,y) = \sum_{m=1}^{k} N_m(x,y) \cdot I_{\text{mask}}^{m}(x,y), \quad k \leqslant 5; x,y \in S \tag{5.4-13}$$

图 5.4-17 的第 1 行给出了用式（5.4-13）得到的 3 个合成噪声场（$k=5$）的实例。

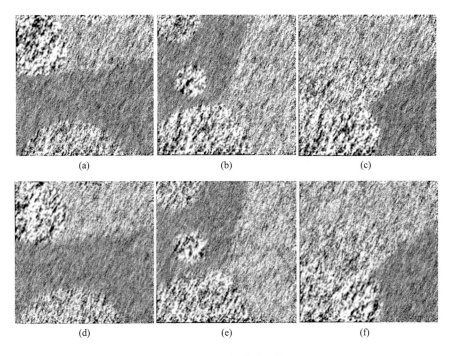

图 5.4-17　合成噪声场

注：第 1 行为各频率噪声边界未模糊的合成噪声场；第 2 行为边界模糊的合成噪声场

　　从图 5.4-17 的第 1 行可以看出，五个频率的噪声场按随机生成的中心像素位置和它们各自的掩模图像分布在合成噪声场不同的区域，三个合成噪声场由于每个频率噪声场的中心像素不同，呈现出不同的噪声分布，达到了构造多频率噪声场的目的。但合成噪声场各频率噪声之间有明显边界，如图 5.4-17（a）中下边界部分有一个明显的呈半圆状的噪声区域，其边界呈现出明显的圆弧状，图 5.4-17（b）中有一个分界线明显的圆状噪声区域，其边界也呈现出明显的圆形，还有图 5.4-17（c）右边的高频率噪声有明显的直线状边缘。产生界限明显的噪声场的原因可以从图 5.4-17（d）中找到答案，该图中相邻噪声权值相同的像素常常位于同一条曲线，因此该曲线的两边就会出现频率不同的两种噪声，使最终的合成噪声场各频率噪声有明显的边界。

　　为了让各个频率的噪声在边界处能够过渡自然，在生成噪声场掩模图像时可考虑对每个掩模图像中黑白交界的地方进行平滑处理，使其边界不直接从黑变到白，而有一个中间过渡带，过渡带像素值在[0, 1]变化，在进行噪声场合成时，过渡带像素点的值将作为噪声场融合权值，实现过渡带不同频率噪声的平滑拼接。本节利用均值滤波器对各频率噪声掩模图像进行平滑滤波，可以在黑白边界处产生均值滤波器模板宽度两倍的过渡带，这部分的像素值将自然地从 1 变化到 0。经过均值滤波的噪声场掩模图像记为 $aI_{mask}^m(i,j)$，用它作为合成噪声场新的融合权值代入式（5.4-14）中，得到各频率噪声边界模糊的合成噪声场：

$$N(x,y) = \sum_{m=1}^{k} N_m(x,y) \cdot aI_{mask}^m(x,y), \quad k \leqslant 5; x,y \in S \qquad (5.4\text{-}14)$$

图 5.4-17 第 2 行的噪声场是用式（5.4-14）求出的各频率噪声边界模糊的合成噪声场。可以看到，图 5.4-17（a）中的半圆形噪声边界、图 5.4-17（b）中的圆形噪声边界和图 5.4-17（c）中的直线边界均模糊化了，各频率噪声在各自边界处平滑过渡。

通过以上方法创建好多频率噪声场后，就可以运用多频率 LIC 方法对云南重彩画点块状纹理进行模拟。由于点块状纹理常表现出颜色混色效果，下面在 RGB 颜色空间和 HSV 颜色空间实现点块状纹理绘制算法，模拟颜色混色效果。

2. RGB 颜色空间实现云南重彩画点块状纹理模拟

在RGB颜色空间中的云南重彩画点块状纹理模拟是通过将前景色与背景色混合的方法实现的，流程图如图 5.4-18 所示。

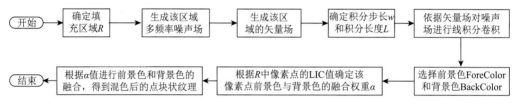

图 5.4-18　RGB 颜色空间点块状纹理绘制流程图

以上过程可以描述如下。

1）设定填充区域、噪声场、矢量场并进行线积分卷积

从白描图中选出需要进行颜色混合和填充的区域，按 5.4.2 节和本节的方法设定矢量场和多频率噪声场，并对填充区域进行线积分卷积，区域内的每一个像素都具有了一个 LIC 的值 $I(x,y)$。需要说明的是，若矢量场设为随机方向矢量场，则产生不带方向的点块状纹理，若矢量场设为带方向矢量场，则产生的点块状纹理会有方向性。

2）设定前景色和背景色并按 LIC 值进行混色

设前景色与背景色分别为 ForeColor 和 BackColor。对于填充区域 R 中每一个像素点 $p(x,y)$，最终的填充色是由前景色和背景色融合得到的，融合权重 α_{xy} 由每个像素的 LIC 值 $I(x,y)$ 决定，如式（5.4-15）所示：

$$\alpha_{xy} = (I(x,y) - I_{min}) / (I_{max} - I_{min}) \qquad (5.4\text{-}15)$$

式中，I_{min} 和 I_{max} 分别是 $I(x,y)$ 的最小值和最大值；α_{xy} 归一化为 0~1。

设像素 $p(x,y)$ 的最终填充色为 $C_2(r,g,b)$，则 C_2 各通道值用式（5.4-16）来确定：

$$\begin{cases} C_2.r = \alpha_{xy} \times BackColor.r + (1 - \alpha_{xy}) \times ForeColor.r \\ C_2.g = \alpha_{xy} \times BackColor.g + (1 - \alpha_{xy}) \times ForeColor.g \\ C_2.b = \alpha_{xy} \times BackColor.b + (1 - \alpha_{xy}) \times ForeColor.b \end{cases} \qquad (5.4\text{-}16)$$

图 5.4-19（a）给出了在 RGB 空间中利用前景色和背景色混色的方法得到的单频率噪声混色填充的点块状纹理效果图，图 5.4-19（b）给出了多频率噪声混色填充的点块状纹理效果图。图中各个区域是通过颜色、矢量场方向、噪声场浓度、噪声场位置分布等参数调整得到的不同效果。

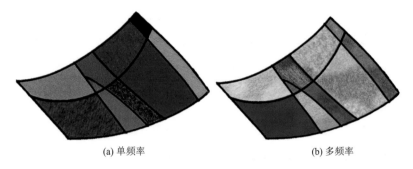

(a) 单频率　　　　　　　　　　　　　　　(b) 多频率

图 5.4-19　RGB 颜色空间的混色填充

从图 5.4-19 可以看出，在 RGB 颜色空间绘制点块状纹理可以通过设置前景色和背景色来控制最终点块状纹理的显示颜色，非常直观，如果前景色和背景色设置恰当，可以绘制出色彩协调、美观的点块状纹理。但在丁绍光的绘画作品中还可看到另外的混色效果，如通过改变绘制区域中颜色的亮度或饱和度来表现颜色变化的情况，RGB 颜色空间不能调节亮度和饱和度，本节选择 HSV 颜色空间实现。

3. HSV 颜色空间实现云南重彩画点块状纹理模拟

HSV 颜色空间包括色调、饱和度和亮度三个颜色通道，可以对相应的颜色通道进行调节来得到不同的颜色效果。在 HSV 颜色空间实现云南重彩画点块状纹理模拟的流程图如图 5.4-20 所示。

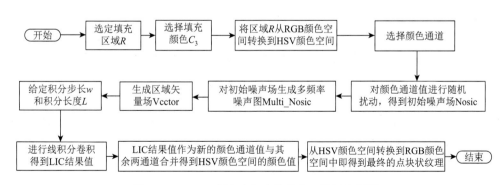

图 5.4-20　HSV 颜色空间点块状纹理模拟流程图

1）选择填充区域和填充颜色并进行 RGB 颜色空间到 HSV 颜色空间的转换

首先在白描图中确定要以填充绘制方式绘制云南重彩画点块状纹理的连通封闭区域，它可能位于白描图的服饰区、头发区或其他需要着色的区域 R；然后选择填充的颜

色 C_3 并对绘制区域内的每个像素进行颜色赋值；对绘制区域内的像素从 RGB 颜色空间转换到 HSV 颜色空间。

2）设定绘制区域内的噪声场和矢量场

选择某个颜色通道，这里以 V 通道为例，将绘制区域内像素的 V 通道值取出来进行扰动，得到区域的噪声值，扰动方法为将各像素点的 V 通道的值加上一个 –30～30 的随机数，扰动后得到区域中各像素点的初始噪声值；接下来给定一个高噪声浓度，在本节中设为50%，按 5.4.2 节的随机噪声生成方式在初始噪声场中随机选择相应像素将其 V 通道值随机设定为 10～20 的灰度值，生成高频率细颗粒噪声，应用多频率噪声场生成方法来生成各频率噪声场，以各频率掩模图像生成最终的多频率合成噪声场。设定绘制区域矢量场的方法与 5.4.2 节的方法相同。

3）对区域噪声场进行线积分卷积

该步骤与 5.4.2 节的线积分卷积方法相同，在 V 通道按矢量场方向进行 LIC，这样在填充区域 R 中每个像素点都可以得到一个线积分卷积的结果值，它们保存在 V 通道中。

4）合并 V 通道与其他通道的值并将 HSV 空间转回到 RGB 空间

将填充区域 R 中的各像素点的线积分卷积的结果值作为对应像素的 V 通道值与其他通道进行合并，构成填充区域中每一像素点新的 H、S、V 三通道值，并将 HSV 空间转回 RGB 空间即得到区域中各像素点最终的填充颜色，且生成点块状纹理。

图 5.4-21（a）给出了在 HSV 空间进行单频率混色填充的效果图，图中各个区域是通过调节填充颜色、矢量场方向、噪声场浓度及颜色空间通道等参数得到的不同纹理效果。图 5.4-21（b）给出了在 HSV 空间进行多频率混色填充的效果图，图中各个区域是通过调节多频率噪声场分布位置、填充颜色、矢量场方向、噪声场浓度及颜色空间通道等参数得到的不同纹理效果，同一填充区域内纹理的疏密程度不同。从图 5.4-21 可以看出，通过该方法可以生成与丁绍光云南重彩画绘画作品中非常相似的点块状纹理颜色效果。

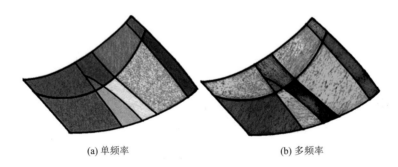

(a) 单频率　　　　　　　　　　　　　(b) 多频率

图 5.4-21　HSV 颜色空间的点块状混色填充

5.4.4　云南重彩画中空轮廓线增强算法和背景添加

1. 云南重彩画中空轮廓线增强算法

观察丁绍光的云南重彩画可以发现，画面中轮廓线常常为中空轮廓线，中空部分多为金色、白色或灰色，它们被黑线或其他颜色的线条包围，形成独特的中空轮廓线效果。如图 5.4-22 中车子、服饰的轮廓。

图 5.4-22　丁绍光重彩画作品《古老的花园》

为了模拟云南重彩画中空轮廓线的效果，本节提出了基于数学形态学的模拟算法。

（1）将需要处理的白描图转换为二值图像 BWImage。

（2）对 BWImage 做如下形态学变换：

$$NBWImage = dilate(BWImage–dilate(erosion(BWImage))) + BWImage$$

式中，NBWImage 是粗细均匀的线条画；dilate(·)为膨胀变换；erosion(·)为腐蚀变换。

（3）对 NBWImage 做腐蚀变换 erosion（NBWImage），然后将得到的腐蚀图中的线条设定为金黄色或其他颜色，得到的线条画记为 HeartImage；

$$HeartImage = color(erosion(NBWImage))$$

式中，color(·)为对线条进行着色。

（4）将线条画 HeartImage 叠加到线条画 NBWImage 上，得到的结果图具有中空轮廓线效果，即

$$ResultImage = HeartImage + NBWImage$$

下面以丁绍光绘画作品《花园》的白描图为例，在图 5.4-23 中给出了整个处理过程的中间图，最后的结果图和进行局部放大后的局部图如图 5.4-24 所示。

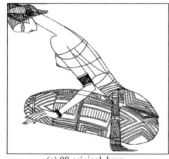
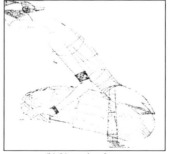
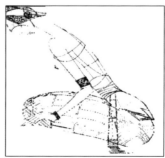

(a) 00 original. bmp　　　　　　　(b) 01 erosion. bmp　　　　　　　(c) 02 dilate. bmp

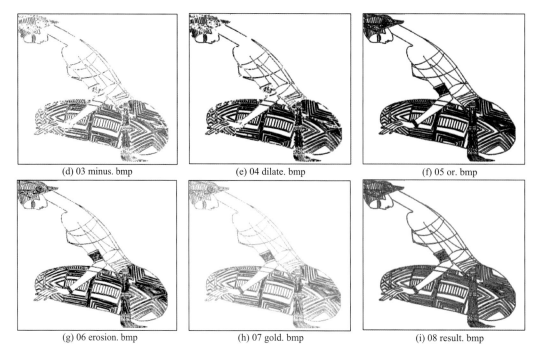

(d) 03 minus. bmp　　　　　　(e) 04 dilate. bmp　　　　　　(f) 05 or. bmp

(g) 06 erosion. bmp　　　　　　(h) 07 gold. bmp　　　　　　(i) 08 result. bmp

图 5.4-23　中空轮廓线处理过程图

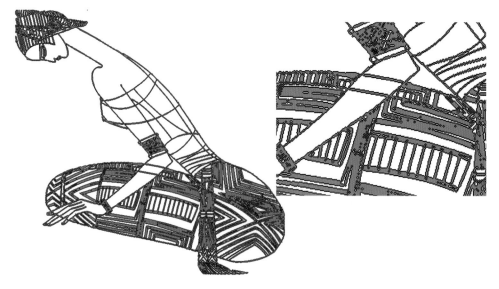

图 5.4-24　图 5.4-23 的结果图和局部放大图

本节还尝试了以下两种更为简单的数学形态学方法来模拟中空轮廓线。

（1）ResultImage = dilate(originalImage) + color(erosion(dilate(originalImage)))。

先对原图进行膨胀，得到较粗的线条画，然后腐蚀后着色，得到中心着色线条，将它叠加到原图膨胀后的粗线条上，就得到了最终的轮廓线图。

该方法可以使原图中较细的线条膨胀变粗，以便保留这部分轮廓，但带来的问题是：

原图中的某些具有精细结构的部分会因为膨胀而降低分辨率，而且整个图像轮廓较粗。图 5.4-25 给出了该方法的结果图和局部放大图，与图 5.4-24 相比，手镯部分的精细结构已经看不到了。

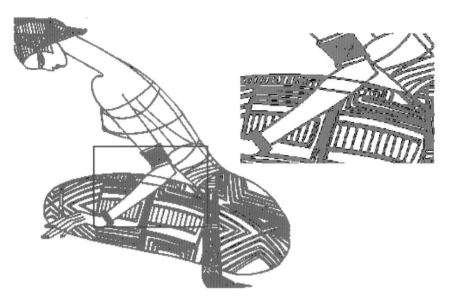

图 5.4-25　方法一的结果图和局部放大图

（2）ResultImage = originalImage + color(erosion(originalImage))。

先对原图进行腐蚀变细，然后着色生成中心着色线条，叠加到原图中得到中空轮廓线。

该方法最简单，可以得到较为纤细的中空轮廓线。但如果原图轮廓较细，则第一步的腐蚀会将细轮廓腐蚀掉，造成细轮廓的丢失，从而使第二步的着色没有着色对象，导致最终得到的结果图出现未中空化的现象。图 5.4-26 给出了该方法第一步腐蚀后的中间图、结果图和局部放大图，从腐蚀后的图像可以看到，服饰区大量的分割线条不见了，所以在结果图中这部分轮廓没有中空化，也没有变为金色，还是原来的黑色，从局部放大图可以清楚地看到这个现象。

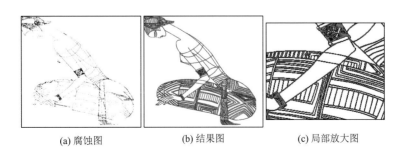

(a) 腐蚀图　　　　　　　(b) 结果图　　　　　　　(c) 局部放大图

图 5.4-26　方法二的腐蚀图、结果图和局部放大图

　　基于以上比较，本节提出的数学形态学算法得到的中空轮廓线图既可以保留原图的精细结构部分，又可对原图中较细的线条进行中空化着色处理，很好地对丁绍光云南重彩画的轮廓特点进行了模拟。同时还具有方法简单、易于实现、运算量小的特点。

　　图 5.4-27 是对图 5.4-19（a）进行中空轮廓线处理后得到的绘制实例。通过与图 5.4-19 对比，增加了金色中空轮廓线的纹理图，更具云南重彩画的风格特点。

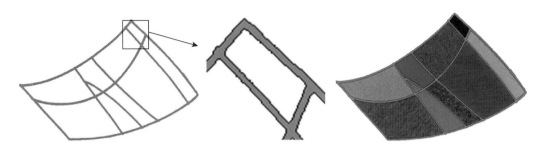

(a) 轮廓线经数学形态学处理后　　　　(b) 图(a)局部放大图　　　　(c) 图5.4-19(a)轮廓线变为金色
　　添加金色得到的轮廓线　　　　　　　　　　　　　　　　　　　中空轮廓后的效果图

图 5.4-27　金色中空轮廓线模拟

2. 云南重彩画背景添加

　　前面对白描图进行的一系列刮痕状纹理模拟、点块状纹理模拟、RGB 和 HSV 颜色空间着色和中空轮廓线增强得到的结果图称为前景图。它已经能够在很大程度上表现出云南重彩画的风格特点了。但在丁绍光绘画作品中，背景也具有鲜明的特点，背景的装饰性非常强，图案和颜色与前景相呼应。本节讨论如何为前景图添加背景。

　　背景由两种渠道获得，一个渠道是从丁绍光绘画作品中提取小块的背景纹理，然后采用第 2 章介绍的纹理合成加速算法对背景纹理进行合成，得到大面积背景图案，该方法能够较为灵活、方便、快捷地构建多种纹理类型的背景图案；另一个渠道是从丁绍光绘画作品中借助抠图软件提取背景，把前景人物从画中抠出后，对背景图进行修补处理后得到背景，该方法要求对相关软件能够熟练使用，构建一张背景图的时间比第一种方法要长很多，由于是从丁绍光绘画作品中提取背景，能够获得的背景数量也有限。图 5.4-28 给出了部分背景图片，其中图 5.4-28（a）是采用第 2 章纹理合成加速算法得到的背景图，图 5.4-28（b）是从丁绍光绘画作品中提取的背景图。

(a) 纹理合成得到的背景图

(b) 从丁绍光绘画作品中提取的背景图

图 5.4-28　部分背景图片

　　本节采用如下方法添加背景,首先在重彩画合成绘制画布中划分前景区和背景区。由于画布的默认颜色是白色,可以简单地把像素值为白色的像素归为背景区。但因为前景图的绘制是对白描图着色渲染后得到的,有些部位,如面部、手臂,有可能会直接保留白描图中的白色,而不进行纹理和颜色的渲染,这些区域就会被误判为背景区。为了准确地划分前景色和背景色,我们引入简单的用户交互环节,采用特定颜色填充的方式对背景区进行标识。但前景图不一定是封闭的区域,这样会造成填充背景区时特定颜色进入前景区,所以事先要保证前景图是封闭的区域。调入背景图片后,该图片在标识为背景特定颜色的像素上以背景图显示,其余部分保留前景图,从而完成前景和背景的融合。

　　背景图添加的实例将在 5.4.5 节中给出。

5.4.5　绘制实例

　　本节基于上述介绍的算法,设计并实现了云南重彩画白描图着色和渲染系统,如图 5.4-29 所示。

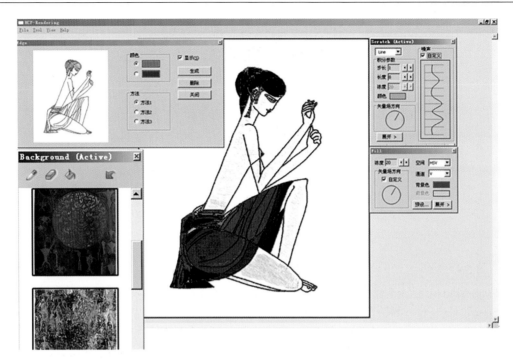

图 5.4-29　云南重彩画白描图着色和渲染系统界面

　　图 5.4-29 是云南重彩画白描图着色和渲染系统界面，中间是画布区，左边和右边分别为相应的各功能模块：刮痕状纹理绘制功能模块、点块状纹理绘制功能模块、中空轮廓线增强模块和背景添加模块。

　　云南重彩画白描图着色和渲染过程为：先对肌肤区采用笔刷绘制的方式对刮痕状纹理进行绘制，通过选择笔刷形状、笔刷尺寸，调节纹理方向、噪声场浓度、纹理颜色等参数，调整刮痕状纹理的形态；再对服饰区采用填充绘制的方式对点块状纹理进行绘制，通过设置多频率噪声场参数控制生成的点块状纹理的形态，选择合适的颜色空间，完成颜色的混色；采用中空轮廓线增强算法对白描图轮廓线进行处理，根据白描图中线条的粗细，选择合适的增强方法；最后选择与前景图色彩搭配协调的背景图片添加背景。

　　本节用到的白描图有两类。一类是用 5.3 节介绍的自主设计开发的云南重彩画白描图绘制系统[14, 15]绘制的具有云南重彩画特点的白描图；另一类是为了与丁绍光绘画作品进行比较，从丁绍光绘画作品中提取的白描图，对其着色渲染后可与丁绍光绘画作品原图进行效果对比。本节使用图 5.4-29 所示的系统对这两类白描图进行着色和渲染实验，得到图 5.4-30～图 5.4-38 的效果图。

　　图 5.4-30 对比了肌肤纹理模拟的效果，图中黄色框中的纹理是用本章提出的刮痕状纹理绘制算法绘制的纹理，红色框中的纹理是丁绍光原作品中的纹理。通过调节刮痕状纹理的绘制参数，可以看出本章算法模拟出的刮痕状纹理从颜色、形状、方向等各个方面都和原图中的纹理非常相似，模拟效果非常逼真。采用相同的方法，可以对整个白描图中的肌肤区进行刮痕状纹理的绘制。

图 5.4-30　肌肤纹理对比图

　　图 5.4-31 给出了对白描图进行着色和渲染的过程图。图 5.4-31（a）的白描图是用 5.3 节介绍的白描图绘制算法绘制的，它体现了丁绍光云南重彩画作品中线条画的特点；图 5.4-31（b）采用笔刷绘制的方式在肌肤区进行刮痕状肌肤纹理的绘制，通过调整 LIC 参数得到了不同的绘制效果；图 5.4-31（c）采用填充绘制方式在服饰区进行点块状纹理混色绘制，同时采用笔刷绘制的方式，在部分服饰区进行修饰，得到了非常逼真的模拟效果；图 5.4-31（d）对边缘轮廓进行了中空化处理。

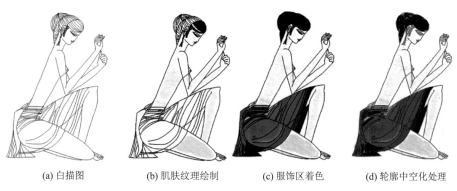

(a) 白描图　　　　(b) 肌肤纹理绘制　　　　(c) 服饰区着色　　　　(d) 轮廓中空化处理

图 5.4-31　白描图着色和渲染的效果图

　　图 5.4-32 对用本章算法渲染的重彩画结果图和丁绍光绘画作品进行了对比。图 5.4-32（a）是丁绍光绘画作品《鹤与阳光》白描图，图 5.4-32（d）是丁绍光绘画作品《自由之歌》白描图；图 5.4-32（b）是本章算法渲染的《鹤与阳光》，图 5.4-32（c）是丁绍光绘画作品《鹤与阳光》的截图；图 5.4-32（e）是采用本章算法渲染的《自由之歌》，图 5.4-32（f）是丁绍光绘画作品《自由之歌》。从以上绘制的例图与丁绍光绘画作品原图相对比，可以看到本章算法的着色和渲染效果。图 5.4-32（b）和图 5.4-32（c）可以对比肌肤区刮痕状纹理的模拟效果，图 5.4-32（e）和图 5.4-32（f）可以对比服饰区点块状纹理的模拟效果。图 5.4-33 给出了局部放大图，可以对肌肤刮痕状纹理和服饰点块状纹理进行进一步对比。图 5.4-33（a）是用本章算法模拟出的图，图 5.4-33（b）是原图；图 5.4-33（c）是用本章算法模拟出的图，图 5.4-33（d）是原图。模拟效果非常逼真。

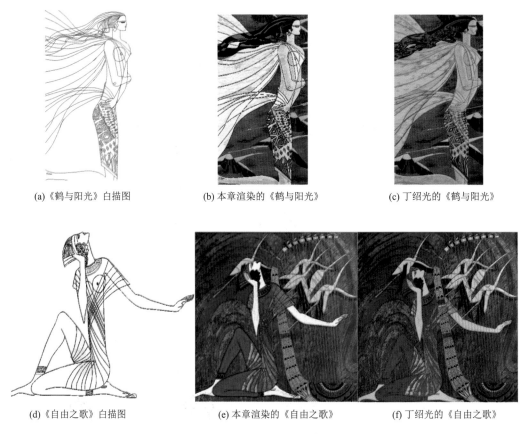

(a)《鹤与阳光》白描图　　　　(b) 本章渲染的《鹤与阳光》　　　　(c) 丁绍光的《鹤与阳光》

(d)《自由之歌》白描图　　　　(e) 本章渲染的《自由之歌》　　　　(f) 丁绍光的《自由之歌》

图 5.4-32　对丁绍光绘画作品白描图着色和渲染的效果图（一）

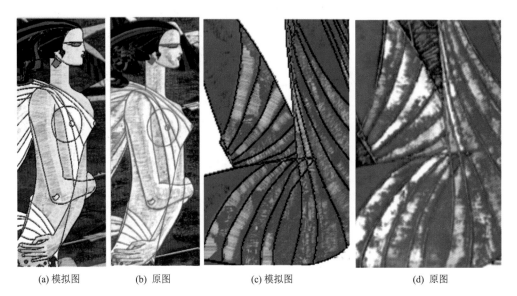

(a) 模拟图　　　　(b) 原图　　　　(c) 模拟图　　　　(d) 原图

图 5.4-33　对丁绍光绘画作品白描图着色和渲染的效果图（二）

下面给出更多的绘制实例，如图 5.4-34～图 5.4-38 所示。

(a) 白描图　　　(b) 肌肤纹理绘制　　　(c) 服饰区着色　　　(d) 效果图

图 5.4-34　跪立的少女

(a) 白描图　　　(b) 肌肤纹理绘制　　　(c) 服饰区着色　　　(d) 效果图

图 5.4-35　蹲立的少女

(a) 白描图　　　(b) 肌肤纹理绘制　　　(c) 服饰区着色　　　(d) 效果图

图 5.4-36　坐着的少女

(a) 白描图　　　(b) 肌肤纹理绘制　　　(c) 服饰区着色　　　(d) 效果图

图 5.4-37　站立的少女

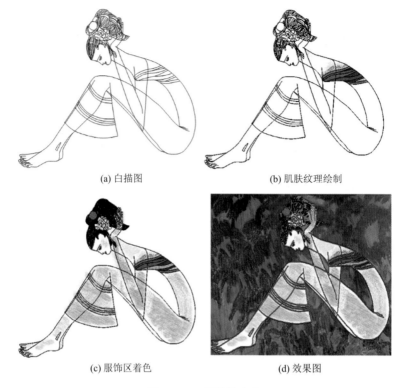

(a) 白描图　　　　　　　　　　　　　　(b) 肌肤纹理绘制

(c) 服饰区着色　　　　　　　　　　　　(d) 效果图

图 5.4-38　屈膝的少女

5.5　本 章 小 结

非真实感绘制技术是当前计算机图形图像处理领域的研究热点，在数字娱乐行业如影视制作、广告行业、家庭娱乐、数字游戏等多方面具有广泛的应用和市场前景。国内外各研究机构和学者对油画、水彩画、中国山水画、中国书法和剪纸等艺术风格的数字模拟技术进行了卓有成效的研究，但对云南重彩画风格化绘制的研究还是空白。本章首次选取具有浓郁民族特色和地域特色的云南重彩画作为研究对象，针对云南重彩画鲜明的中国线条画特点和色彩艳丽的西方油画特点，从白描图绘制、云南重彩画特有纹理模拟等多方面展开云南重彩画艺术风格数字模拟和合成技术研究，设计并实现了云南重彩画数字合成系统。

概括来说，本章的工作重点和主要贡献体现在以下几个方面。

1）设计云南重彩画数字模拟及合成系统框架

云南重彩画艺术风格的数字模拟及合成技术研究目前在国内外还没有其他研究机构和人员开展。本章在大量学习其他艺术风格流派的非真实感绘制技术后，结合云南重彩画的特点，设计了云南重彩画艺术风格数字模拟和合成系统的框架（图 5.1-1）。为了表现云南重彩画具有的中国线条画流畅自然的线条和西方油画绚丽多彩的颜色，合成系统分为两个部分。第一个是云南重彩画基本图形元素库和白描图绘制部分，整个系统以此为基础；第二个是在云南重彩画白描图基础上进行着色和渲染部分。云南重彩画基本图形元素库收集保存了大量从重彩画绘画作品中提取的表现重彩画艺术风格的图形元素，通过对图形元素的可视化编辑，组合绘制云南重彩画白描图。对白描图的着色与渲染主要从重彩画特有纹理的模拟绘制、中空轮廓线增加、背景添加、色彩传递和纹理合成等方面进行。

2）构建云南重彩画基本图形元素库并设计实现白描图绘制系统

这是整个云南重彩画艺术风格数字模拟及合成技术研究的基础。云南重彩画具有鲜明的中国线条画特点，形体夸张、修长的人物形象是重彩画中最具表现力的部分，对风格化绘制效果的影响较大。但重彩画中的人物形象与现实世界中的人物形象差距较大，直接从真实照片中提取人物形象并进行变形很难表现云南重彩画人物形象的神韵。为了表现该画派线条画的特点及特有的人物造型，本章提出从重彩画绘画作品中提取基本图形元素，构建图形元素库并用图形元素进行重彩画白描图绘制，这是整个云南重彩画艺术风格模拟绘制的基础。通过对大量云南重彩画绘画作品的观察和分析，本章把图形元素分为头发、面部、躯干、手臂和装饰物五大类。在重彩画原图中，对准备提取的图形元素轮廓添加控制点描边，用基数样条曲线对控制点进行曲线拟合得到相应的曲线，这些曲线的集合就是基本图形元素，为它们取名后再把它们添加并保存到基本图形元素库中。为了保证后续白描图绘制的多样性，需要提取尽可能多的图形元素。为了方便管理和查找使用，基本图形元素库采取页式和段式两级管理模式对图形元素进行分级管理，可以查找、添加、删除、修改图形元素。基于云南重彩画基本图形元素库，本章设计并实现了白描图绘制系统。系统可以从基本图形元素库中选择用于绘制白描图的图形元素，对图形元素进行编辑、修改、变形、组合。系统提供了强大的三级修改模式：图形元素的形状修改、图形元素的几何变换和白描图整体修改。为了避免各图形元素修改时彼此影响，系统设计了分层绘制模式，每个图形元素单独放置在一个图层中。利用白描图绘制系统可以绘制出新的具有云南重彩画风格的白描图人物造型，为后续云南重彩画白描图的着色和渲染奠定基础。

3）提出云南重彩画特有纹理生成算法

云南重彩画具有特有的刮痕状纹理和点块状纹理，刮痕状纹理在肌肤中用得最多，点块状纹理在服饰中大量采用。这些纹理表现了丁绍光绘画作品中笔刷和色彩运用的特点。在比较尝试了多种模拟方法后，本章提出参数可调的 LIC 方法模拟刮痕状纹理，设计基于笔刷的刮痕状纹理绘制算法，提供点状、直线状和曲线状笔刷式样，笔刷尺寸可以调节，以适用于不同的绘制需要。刮痕状纹理的绘制区域通过在白描图中移动鼠标来定位，同时通过矢量场方向、噪声场浓度和纹理颜色的设定，改变刮痕状纹理的样式，达到较好的模拟效果。对点块状纹理提出基于多频率 LIC 的填充绘制算法，在需要填充点块状纹理的封闭区域中，设置不同频率的噪声场，为保证各频率噪声场的平滑过渡，采取图像滤波等技术，得到多频率合成噪声场，生成粒度不同的点块状纹理。为了表现点块状纹理中的混色效果，本章还提出了基于 RGB 和 HSV 颜色空间的混色模型。

4）设计实现云南重彩画白描图着色和渲染系统

本章设计并实现了一个云南重彩画白描图着色和渲染系统，对白描图绘制系统绘制的白描图进行着色和渲染。实现了基于笔刷的刮痕状纹理绘制算法、基于填充的点块状纹理的绘制算法，并针对云南重彩画特有的中空轮廓线特点，提出基于数学形态学的中空轮廓线增强算法，设计重彩画背景添加算法，结合色彩传递和纹理合成技术，完成云南重彩画白描图的着色和渲染。该系统包括六个功能模块：刮痕状纹理绘制模块、点块状纹理绘制模块、中空轮廓线增强模块、背景添加模块、色彩传递模块和纹理合成模块。通过各模块的协同处理，最终得到逼真的云南重彩画数字合成图。

参 考 文 献

[1]　刘秉江. 丁绍光现代重彩画集[M]. 北京：北京工艺美术出版社，2002.

[2]　丁绍光. 丁绍光白描集[M]，福州：福建教育出版社，2002.

[3]　Winnemöller H，Olsen S C，Gooch B. Real-time video abstraction[J]. ACM Transactions on Graphics，2006，25（3）：1221-1226.

[4]　DeCarlo D，Santella A. Stylization and abstraction of photographs[J]. ACM Transactions on Graphics，2002，21（3）：769-776.

[5]　Wen F，Luan Q，Liang L，et al. Color sketch generation[C]//Proceedings of the 4th International Symposium on Non-Photorealistic Animation and Rendering，Annecy，2006：47-54.

[6]　蔡飞龙，彭韧，于金辉. 京剧脸谱分析与合成[J]. 计算机辅助设计与图形学学报，2009，21（8）：1092-1097.

[7]　Li Y，Yu J，Ma K，et al. 3D paper-cut modeling and animation[J]. Computer Animation and Virtual Worlds，2007，18（4/5）：395-403.

[8]　闵锋，桑农. 一种基于与或图表示的多风格肖像画自动生成方法[J]. 计算机学报，2009，32（8）：1595-1602.

[9]　Hearn D，Baker M P. 计算机图形学[M]. 蔡士杰，宋继强，蔡敏，译. 2 版. 北京：电子工业出版社，2005.

[10]　张琳. 丁绍光装饰画中的色彩语言分析[J]. 长沙大学学报，2007，21（6）：129-130.

[11]　Cabral B，Leedom L C. Imaging vector fields using line integral convolution[C]//Proceedings of the 20th Annual Conference on Computer Graphics and Interactive Techniques，Anaheim，1993：263-270.

[12]　Kiu M H，Banks D C. Multi-frequency noise for LIC[C]//Proceedings of Seventh Annual IEEE Visualization，San Francisco，1996：121-126.

[13]　张文，李晓梅. LIC 纹理中可视矢量大小的方法[J]. 计算机应用，2000，20（S1）：15-17.

[14]　Pu Y，Su Y，Wei X，et al. A system used for collecting and managing graphic elements of Yunnan heavy color painting[C]// 2010 International Conference on Image Analysis and Signal Processing，Xiamen，2010：155-158.

[15]　普园媛，苏迤，魏小敏，等. 一个云南重彩画白描图绘制系统[J]. 计算机工程与设计，2011，32（2）：607-610，614.

第6章 基于深度学习的云南重彩画风格化绘制

丁绍光重彩画结合了中国线条画和西方油画的特点，整幅图像具有很强的结构性，人物五官精致细腻，其每个部分都有独特的笔触，如果整幅图像都用一种方式处理，则达不到重彩画的风格转移效果。因此对于云南重彩画的风格转移需要分析其绘画特点，对每个部分设计算法。本章采用深度学习的方法，对云南重彩画的风格转移主要从基于语义的人体变形、对应语义的风格传递（其中包括背景、人物和服饰的风格转移）、线条感增强这三个方面展开。

6.1 基于深度学习的云南重彩画风格化绘制的研究思路及框架

重彩画各个部分都有特点，因此本节将重彩画分为人物、背景、头像和服饰进行风格转移，再将人物部件和背景融合，最后对风格转移图进行线条感增强，最终转移结果表现出重彩画人物肢体修长的美感、精细的纹理特征和线条分明灵动的特点。下面从人物、背景、头像和服饰这四个部分提出相应的风格转移方案。

（1）人物风格转移。重彩画人物肢体修长，与现实中的人物有很大的差别，因此 Zhou 等[1]提出对图像中的人体形象进行重塑，通过增加人物肢体长度、减小腰身大小等，使得到的内容图人物具有重彩画人体纤细、肢体修长的美感。在风格转移时，使用 Gatys 等[2]的算法会使人物发生扭曲，因此增加结构保持的损失函数，保持人物结构。

（2）背景的风格转移。采用图像修复[3]的方法将内容图的背景补全，再进行风格转移。

（3）头像风格转移。重彩画人物头像五官精致细腻，面部的纹理特点需要精准保留，因此对头像要进行分区域结构增强的风格转移。

（4）服饰纹理转移。重彩画服饰纹理具有很强的结构性，使用 Gatys 等[2]的算法转移出来的服饰纹理会被打乱，本节提出使用图像类比的方法进行人物服饰纹理转移，生成了具有重彩画人物服饰结构特点的服饰。

云南重彩画线条分明灵动，需要对风格转移图进行线条感增强。本章提出 L_0 梯度最小化平滑图像[4]、各向异性的 DoG 滤波器[5]和线条图缺口检测和补全[6]算法相结合的方式对变形后的照片人物提取线条。将线条图叠加到风格转移图中，最终得到具有云南重彩画风格的风格转移图。

图 6.1-1 是云南重彩画风格转移的流程框架图。

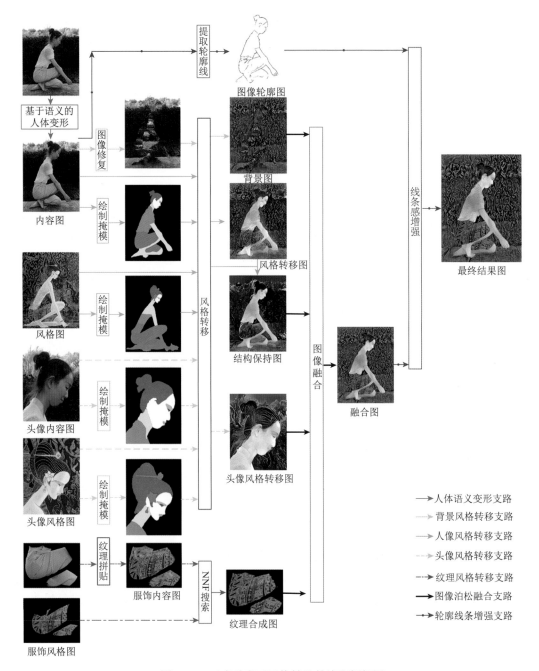

图 6.1-1　云南重彩画风格转移的流程框架图

注：NNF 表示近邻域（nearest-neighbor field）

6.2　基于语义的人体变形

在绘画创作时，很多画派会对人物形体进行夸张，对这一类绘画作品的风格转移就需要对人物进行变形，使人物形体上与绘画作品人物相似，如重彩画人物形体夸张，肢体修长。

现有很多图像变形算法，其中基于移动最小二乘的图像变形[7]和保刚性图像变形算法[8]，是对二维图像进行操作，由用户设置图像中的控制点，并通过移动这些控制点进行图像变形，由于本节是针对人物进行变形的，这两种算法虽然能达到变形的效果，但需要用户进行非常精细的操作，才能使人物肢体变化幅度一样，Zhou 等[1]提出了一种人体图像重塑技术，是专门用于人物变形的，可以指定区域变形，如腰围、肢体长度等，非常符合重彩画人物变形的要求。

6.2.1　3D 模型拟合

使用人体骨架作为人体变形模型可以很好地解决图像人物姿态各异的问题。首先，通过操作 3D 骨架模型的 18 个关节和 17 根骨头拟合照片人物相应的位置。其次，采用 Kraevoy 等[9]交替匹配变形的方法，建立图像轮廓 S_{img} 和三维人体投影轮廓 S_{shp} 最优对应关系，通过三维人体模型拟合人体形状，如图 6.2-1 所示。

(a) 将人体骨架与照片　　(b) 建立图像轮廓S_{img}和三维人体　　(c) 使用图(b)拟合人物　　(d) 使用图(c)拟合人物的
人物相应位置的拟合　　　投影轮廓S_{shp}之间对应关系　　　的上半身轮廓　　　　　　下半身轮廓

图 6.2-1　模型拟合[1]

柱身模型参数 $M(\theta,\beta)$ 来自一个公开可用的全身扫描数据库[10]，见图 6.2-2，该模型参数描述了人体的姿势 θ 和身体的形状 β，提供了每个模型的语义信息，如身高、体重、腰围、腿长等，能够准确地模拟肌肉的变形，可以利用这些语义信息对模型进行操作。通过操作 3D 骨架模型的关节和骨头来拟合扫描模型，从而得到柱身模型参数。采用线性

图 6.2-2　全身扫描图[10]

回归方法[11]，进行线性映射：$\beta = f(\gamma)$，其中 $\gamma = [\gamma_1, \cdots, \gamma_l, 1]^T$，$\gamma_i$ 代表人体的语义属性，可以很直观地更改人体属性，如身高、体重。令 $\Delta\gamma = [\Delta\gamma_1, \cdots, \Delta\gamma_l, 0]^T$ 表示属性的偏移量，其中每个 $\Delta\gamma_i$ 是 γ_i 的偏移量。改变这些语义参数，从而产生新的人体属性参数。例如，令 γ_1 代表身高属性，可以设置 $\Delta\gamma = [\pm 10, 0, \cdots, 0, 0]^T$，让人体长高或者变矮 10cm。

6.2.2　人体变形

$M^* = M(\theta^*, \beta^*)$ 是通过上述计算获得的 3D 人体形状参数，$M^{\Delta\gamma} = M(\theta^*, \beta^* + f(\Delta\gamma))$ 是通过改变 M^* 的语义参数 $\Delta\gamma$ 得到的变形后的模型。接下来介绍人体变形方法，该方法可以可靠地将模型变形后的结果转移到图像上。

人体形状的重塑很大程度上是指对身体部分的大小进行调整，或者沿着其骨骼的骨骼轴进行调整，用 d_{ske} 表示骨骼轴的方向，$d_{ske\perp}$ 表示它们的正交方向。例如，通过调整 $d_{ske\perp}$ 可以模拟体重的增加或减少，调整 d_{ske} 可以模拟增加或减少身高。利用 d_{ske} 和 $d_{ske\perp}$ 对柱身模型进行变化从而对图像人体部分的大小进行调整，如图 6.2-3（a）所示，身体变形与骨骼变化有关。

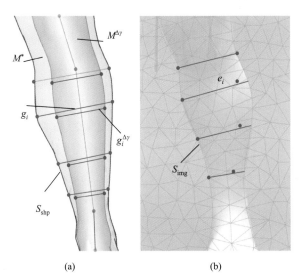

(a)　　　　　　　　　　　　(b)

图 6.2-3　沿垂直于骨轴方向的模型长度变化图解

为了保证身体各部分的一致性调整效果，将图像嵌入二维三角形网格［图 6.2-3（b）］，表示为 ϑ，对图像进行三角剖分。在 ϑ 形变中，为了准确表示主轮廓 S_{img}（尤其是沿 $d_{ske\perp}$）的细微变化，要求在 S_{img} 上有足够的网格顶点。因此，在 S_{img} 上采样数百对点，用 S_{pair} 表示。这种对点大致垂直于相关的三维骨轴［图 6.2-3（a）］，然后通过 S_{img} 和 S_{shp} 的高等映射找到 S_{img} 上的对应位置［图 6.2-3（b）］。用三角形仿射变换的方法，计算三角形内每个像素点的值，得到变形后的图像，用 V 表示。

对 ϑ 进行优化，其目标函数由 5 个能量项组成。其中，三个能量项（即 $E_{ske\perp}$、E_{ske} 和 E_{sil}）是专门针对在变形过程中尽量减少二维和三维之间转换所产生的对应方向的相对长度变化的误差，这三项有一个共同的形式如下：

$$E_{\Delta\text{len}}(P) = \sum_i \left\| e_i^{\Delta\gamma}(V) - \frac{\left\| g_i^{\Delta\gamma} \right\|}{\left\| g_i \right\|} e_i \right\|^2 \qquad (6.2\text{-}1)$$

式中，$P = \{(e_i, g_i)\}$，$e_i \in \mathbb{R}^2$ 和 $g_i \in \mathbb{R}^3$ 是一组边缘对，分别表示原始图像空间中的边缘向量和 M^* 的对应边（图 6.2-3、图 6.2-4、图 6.2-5）；$e_i^{\Delta\gamma}$ 和 $g_i^{\Delta\gamma}$ 分别是 e_i 和 g_i 改变后的值。因此，$g_i^{\Delta\gamma}$ 可以直接从 $M^{\Delta\gamma}$ 中获得，但 $e_i^{\Delta\gamma}$ 是未知向量，用 V 表示。

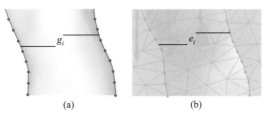

图 6.2-4　在轮廓线上长度变化的图解（即 E_{sil}）

能量项 $E_{\text{ske}\perp}$：将变化的身体部分 $d_{\text{ske}\perp}$ 从三维映射到二维图像，设计了 $E_{\text{ske}\perp} = E_{\Delta\text{len}}\left(\{(e_i, g_i)\}\right)$，其中 e_i 是 S_{img} 上对应的边缘向量 [图 6.2-3（b）]，g_i 是 S_{shp} 上对应的边缘向量 [图 6.2-3（a）]。S_{pair} 中的每个点都有相对应的 ϑ 点，$e_i^{\Delta\gamma}(V)$ 可以表示为两个未知的顶点位置之间的差值。

能量项 E_{sil}：为了避免新的轮廓与原始轮廓的剧烈偏差，引入了另一个能量项，它考虑了沿轮廓线的长度变化，即 $E_{\text{sil}} = E_{\Delta\text{len}}\left(\{(e_i, g_i)\}\right)$，其中 e_i 是 S_{img} 上对应的边缘向量 [图 6.2-4（b）]，g_i 是 S_{shp} 上对应的边缘向量 [图 6.2-4（a）]。

能量项 E_{ske}：为了消除对每个身体部位的骨轴调整大小的影响，需要找到沿着骨轴方向的一组点对。通过对 3D 身体部分预先分割，进而完成对端点的采样，这样所有取样对都大致与对应的三维骨轴平行 [图 6.2-5（a）]。其中，g_i 是 S_{shp} 上对应的边缘向量 [图 6.2-5（b）]，e_i 是 S_{img} 上对应的边缘向量 [图 6.2-5（b）]。定义的第三个能量项为 $E_{\text{ske}} = E_{\Delta\text{len}}\left(\{(e_i, g_i)\}\right)$。

最优化：除了能量项 $E_{\text{ske}\perp}$、E_{ske} 和 E_{sil}，还使用了两个相对常用的能量项 E_{reg} 和 E_{dis}，并通过最小化以下目标函数来求解 V，即

$$L = \omega_{\text{ske}} E_{\text{ske}} + \omega_{\text{ske}\perp} E_{\text{ske}\perp} + \omega_{\text{sil}} E_{\text{sil}} + \omega_{\text{reg}} E_{\text{reg}} + \omega_{\text{dis}} E_{\text{dis}} \qquad (6.2\text{-}2)$$

式中，$E_{\text{reg}} = \sum_i \sum_{j \in N(i)} \left\| A_i - A_j \right\|_F^2$ 是一个正则项，它最小化了相邻三角形之间的形变差，其中 $N(i)$ 代表三角形 i 的邻接三角形集合，A_i 和 A_j 代表三角形；$E_{\text{dis}} = \sum_i u_i \left\| A_i - I \right\|_F^2$ 修正了与原图 I 的变形的偏差，u_i 为权重。对于脸和头发等区域应该赋予更高的权重以防止产生严重扭曲。权重 ω_{ske}、$\omega_{\text{ske}\perp}$、ω_{sil}、ω_{reg} 和 ω_{dis} 用于平衡它们相应的能量项。默认权重为 $\omega_{\text{reg}} = 1$，$\omega_{\text{dis}} = 1$，$\omega_{\text{ske}} = 8$，$\omega_{\text{ske}\perp} = 10$，$\omega_{\text{sil}} = (\omega_{\text{ske}} + \omega_{\text{ske}\perp})/4$。

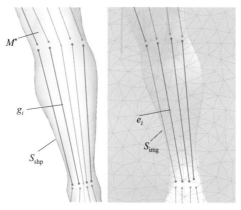

图 6.2-5 在骨轴上模型长度变化的图解（即 E_{ske}）

本节采用 Zhou 等[1]的人体变形软件 BodyReshaper 进行人物变形，首先通过操作 3D 骨架模型的关节和骨头拟合照片人物相应的位置，然后采用交替匹配变形的方法，建立图像轮廓和三维人体投影轮廓的最优对应关系，通过三维人体模型拟合人体形状，最后通过改变内容图人物身高、体重等语义属性，人物肢体变得修长，腰身变得纤细，最终得到和重彩画人物形体相似的人体形象，如图 6.2-6（b）所示。

(a) 输入图像 (b) 变形图

图 6.2-6 人体语义变形结果图

6.3　对应语义的重彩画风格转移

前面对输入图像进行了人体变形，完成了形体上与重彩画相似的工作，接下来要将重彩画的风格转移到照片中。

丁绍光重彩画人物五官精致细腻，服饰具有很强的纹理性，采用 Gatys 等[2]的算法进行风格转移，不能将风格图的风格转移到内容图对应的语义位置上，风格转移后的人物扭曲、服饰纹理杂乱，如图 6.3-1 所示，针对这些问题，本节提出在 Gatys 等[2]的算法基础上增加对应语义风格转移和人物结构保持的损失函数，提出用图像类比的方法，生成具有重彩画人物服饰结构特点的服饰纹理，根据重彩画各个部分的特点，本节将重彩画分为背景、人物、头像和服饰这四部分进行风格转移。

(a) 内容图　　　　　　(b) 风格图　　　　　　(c) 风格转移图

图 6.3-1　文献[2]的风格转移结果

下面将从人物风格转移、服饰纹理转移方面展开描述重彩画风格转移的算法。

6.3.1　人物风格转移

云南重彩画描绘的是人物，在风格转移时需要将人物的风格转移到照片人物中，用 Gatys 等[2]的算法进行人物风格转移时，人物会发生扭曲，因为 Gatys 等[2]的算法没有结构保持项，所以在对人物风格进行转移时我们采用 Luan 等[11]的深度摄影风格传递算法，该算法主要通过最小化式（6.3-1），将风格图像 S 转移到内容图像 I 上：

$$L_{\text{total}} = \sum_{l=1}^{L} \alpha_l L_{\text{content}}^l + \Gamma \sum_{l=1}^{L} \beta_l L_{\text{style}'}^l + \lambda_m L_m \tag{6.3-1}$$

式中，α_l 和 β_l 分别是内容和风格重建在 l 层的权重；L 为卷积层总层数；Γ 是控制风格损失的权重；L_{content} 为内容损失函数；$L_{\text{style}'}$ 为风格损失函数；L_m 是结构保持损失函数；λ_m 是结构保持权重，λ_m 越大结构保持效果越好，但风格传递的效果会减弱，太小则结构不能被很好地保持。结构保持损失函数由式（6.3-2）表示：

$$L_m = \sum_{c=1}^{3} V_c[O]^{\mathrm{T}} M_I V_c[O] \tag{6.3-2}$$

式中，M_I 是 Matting（抠图）拉普拉斯矩阵；$V_c[O]$ 是输出图像 O 的 $N \times 1$ 向量。

　　为了实现对应语义的风格转移，在风格转移前对图像进行语义分割，然后进行对应分割标签的风格转移，此时风格损失 $L_{\mathrm{style'}}^l$ 为

$$L_{\mathrm{style'}}^l = \sum_{c=1}^{C} \frac{1}{2N_{l,c}^2} \sum_{ij} \left(G_{l,c}[O] - G_{l,c}[S] \right)_{ij}^2 \qquad (6.3\text{-}3)$$

$$F_{l,c}[O] = F_l[O]M_{l,c}[I] \qquad (6.3\text{-}4)$$

$$F_{l,c}[S] = F_l[S]M_{l,c}[S] \qquad (6.3\text{-}5)$$

式中，C 是分割类别数；$M_{l,c}[\cdot]$ 是第 l 层的第 c 个分割掩模；F 是分割结果。

　　本节卷积神经网络选用 VGG-19，内容表示层选择 conv4_2，权重 α 等于 1，其他层的权重为零，风格表示层选择 conv1_1、conv2_1、conv3_1、conv4_1、conv5_1，权重 β 等于 1/5，其他层的权重为零，控制风格损失参数 $\Gamma = 10^2$，结构保持权重 $\lambda_m = 10^4$，将以上损失函数用于人物风格转移，得到图 6.3-2（e）和图 6.3-2（f）。

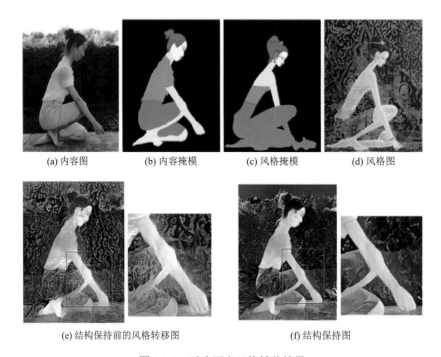

(a) 内容图　　　　(b) 内容掩模　　　　(c) 风格掩模　　　　(d) 风格图

(e) 结构保持前的风格转移图　　　　　　(f) 结构保持图

图 6.3-2　对应语义风格转移结果

　　图 6.3-2 中的内容掩模和风格掩模是使用 Adobe Photoshop 绘制而成的，在绘制时根据内容图和风格图的语义进行掩模的绘制，我们称这个过程为语义分割。在进行风格转移时，内容图中的分割标签从风格图的分割标签中选择得到，风格图中如果存在孤立的分割标签，则那部分风格就不进行转移。进行语义分割后实现了对应语义风格转移。通过增加结构保持函数，将重彩画的风格转移到照片的同时，人物结构得到很好的保持。如图 6.3-2（f）矩形框框出的部分，人物肢体轮廓平滑完整，但增加结构保持函数只能解决人物轮廓的平滑完整，对头像这种精致细腻的部分就不适合，结构

保持函数其实是在颜色空间中对内容图进行局部仿射变换,也就是尽量只改变内容图的颜色,而不改变纹理等特征,从而实现风格图的颜色转移到内容图,而内容图的结构不发生改变,所以经过结构保持后,人物头像风格转移图的纹理被平滑了。为了让头像的细节能完整保留,本章对头像进行分区域结构增强的风格转移,使内容图人物的脸和风格图人物的脸对应、内容图人物的眼影区域和风格图人物的眼影区域对应等,从而实现对应语义风格转移,图 6.3-3(f)为头像风格转移结果。与图 6.3-3(e)对人物全身进行风格转移相比,单独对头像进行风格转移时人脸没有发生扭曲,且风格图的纹理能很好地转移到内容图。

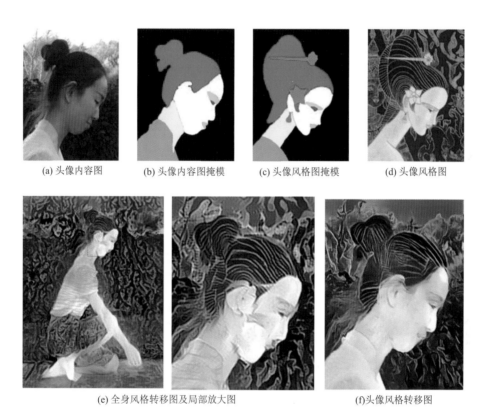

(a) 头像内容图　　　(b) 头像内容图掩模　　　(c) 头像风格图掩模　　　(d) 头像风格图

(e) 全身风格转移图及局部放大图　　　　　　(f)头像风格转移图

图 6.3-3　头像风格转移

6.3.2　服饰纹理转移

对于重彩画中纹理结构性强的服饰,如图 6.3-4(a)所示,使用 Luan 等[11]的方法重建出来的服饰纹理被打乱了,如图 6.3-4(b)所示,这是因为 Luan 等[11]的方法使用格拉姆矩阵来约束隐藏层特征,重建出来的特征位置会被打散,纹理被打乱后失去了重彩画的美感。因此对于重彩画中纹理结构性强的服饰,Luan 等[11]的方法就不适用了。于是 Hertzmann 等[12]、Liao 等[13]提出使用图像类比的方法来生成服饰纹理。Hertzmann 等[12]的图像类比算法使用的是图像纹理、亮度等信息进行匹配,生成与风格图一致的纹理,但运行速度慢。Liao 等[13]的图像类比方法，在特征空间进行对应块匹配，从 Liao 等[13]的运行结果可以看出，他们的算法能实现很好的效果且运行速度快，因此本节选用 Liao 等[13]的图像类比方法生成人物服饰纹理。

(a) 风格图《圣洁之花》　　　　　　　(b) 《圣洁之花》风格转移图

图 6.3-4　深度摄影风格转移的服饰纹理转移实例

下面介绍图像类比的原理，如图 6.3-5 所示。

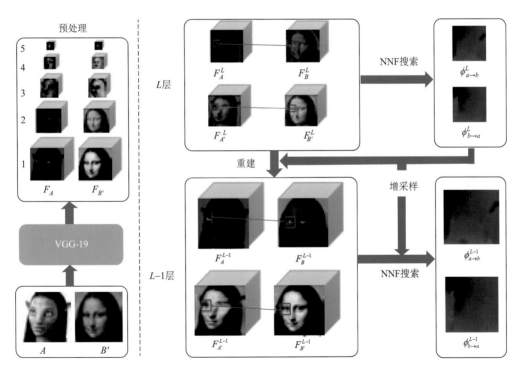

图 6.3-5　图像类比系统流程图[13]

输入：图像 A 和 B'。

输出：图像 A' 和 B。

预处理：通过 VGG-19 提取输入图像 A 和 B' 的特征，L 层卷积层会输出特征图 F_A^L 和 $F_{B'}^L$，因为 A 和 A'、B' 和 B 在轮廓形状上是相似的，只有纹理、颜色等是不一样的，所以可以认为 $F_{A'}^L = F_A^L$，$F_B^L = F_{B'}^L$；使用 NNF 搜索计算第 L 层的 $\phi_{a\to b}^L$ 以及 $\phi_{b\to a}^L$，$\phi_{a\to b}^L$ 表示 $F_A^L \to F_B^L$ 的映射，也可以表示 $F_{A'}^L \to F_{B'}^L$ 的映射，$\phi_{b\to a}^L$ 的定义同理。

重建 A' 和 B：通过上面的预处理得到图像 A、A'、B' 和 B 在 L 层的特征。对于 $L-1$ 层的 A' 特征，A' 既具有 A 的轮廓形状特征，又具有 B' 的纹理、颜色等特征，因此需要设置一个权重来确定重建出来的 A' 保留多少 A 的轮廓形状特征，转移多少 B' 的纹理、颜色等特征：

$$F_{A'}^{L-1} = F_A^{L-1} \circ W_A^{L-1} + R_{B'}^{L-1} \circ \left(1 - W_A^{L-1}\right) \tag{6.3-6}$$

式中，$\circ$ 表示每个特征通道的元素乘法；W_A^{L-1} 是权重参数；$R_{B'}^{L-1} = F_{B'}^{L-1}\left(\phi_{a\to b}^{L-1}\right)$，重建出来的 A' 的特征就等于 A 的特征乘以一个权重参数加上 B' 的特征乘以另一个权重参数。

现在有一个问题：要得到 $F_{A'}^{L-1}$，不仅需要 F_A^{L-1} 的结构等信息，还需要 $F_{B'}^{L-1}$ 的纹理、颜色等信息。$F_{A'}^L$ 是经过 VGG 网络计算得到的，$F_{B'}^L$ 与 $F_{A'}^{L-1}$ 大小不一样，如果使用 NNF 搜索计算 L 层 A 和 B 的特征映射得到 $\phi_{a\to b}^L$，将 $\phi_{a\to b}^L$ 进行上采样，得到 $\phi_{a\to b}'^L$，再用 $\phi_{a\to b}'^L$ 对 $F_{B'}^L$ 进行特征映射，得到 $F_{B'}^L\left(\phi_{a\to b}'^L\right)$，即为 $R_{B'}^{L-1}$，得到的 $R_{B'}^{L-1}$ 是不正确的。因为 VGG 网络 $L-1$ 层与 L 层之间经过了卷积、池化等操作，$\phi_{a\to b}^L$ 与 $\phi_{a\to b}^{L-1}$ 不能直接通过上采样得到，所以使用 $\phi_{a\to b}'^L$ 计算得到的 $R_{B'}^{L-1}$ 不正确。

现在不用 $\phi_{a\to b}'^L$ 计算得到的 $R_{B'}^{L-1}$，而是通过 VGG 网络的 $L-1$ 层到 L 层之间的计算得到 $F_{B'}^L\left(\phi_{a\to b}'^L\right)$，即为 $R_{B'}^{L-1}$。定义 $L-1$ 层到 L 层之间的子网络 $\mathrm{CNN}_{L-1}^L(\cdot)$。那么通过子网络计算得到的 $R_{B'}^{L-1}$ 与 $F_{B'}^L\left(\phi_{a\to b}^L\right)$ 要尽量一致。利用均方误差求出 $F_{B'}^L\left(\phi_{a\to b}^L\right)$：

$$L_{R_{B'}^{L-1}} = \left\| \mathrm{CNN}_{L-1}^L\left(R_{B'}^{L-1}\right) - F_{B'}^L\left(\phi_{a\to b}^L\right) \right\|^2 \tag{6.3-7}$$

再对 $L_{R_{B'}^{L-1}}$ 计算梯度 $\partial L_{R_{B'}^{L-1}} / \partial R_{B'}^{L-1}$，求出 $F_{B'}^L\left(\phi_{a\to b}^L\right)$。

重建 A'（或 B）：现在求解出 W_A^{L-1} 就可以重建 A'（或 B）。W_A^{L-1} 越大，重建出来的 A' 保留越多 A 的结构特征，转移越少的 B' 的纹理、颜色等特征，即

$$W_A^{L-1} = \alpha^{L-1} M_A^{L-1} \tag{6.3-8}$$

对 F_A^{L-1} 进行归一化处理后，再经过 Sigmoid 函数，得到

$$M_A^{L-1}(x) = \frac{1}{1 + \exp\left(-\kappa \times \left(\left|F_A^{L-1}(x)\right|^2 - \tau\right)\right)} \tag{6.3-9}$$

式中，κ、τ 都为超参数。

本节采用 Caffe 深度学习框架实现服饰纹理转移，实验使用的计算机显卡为 GTX 1070。Liao 等[13]的图像类比方法是从深度卷积网络中提取内容图和风格图的特征进行匹配，匹配策略采用了 NNF，这就要求内容图和风格图语义上相对应，这样在进行 NNF 搜索时才能找到风格图和内容图语义对应的位置，从而得到纹理转移图。

图 6.3-6（a）中，输入图像 A 中的服饰没有纹理，所以对输入图像 A 和输入图像 B' 进

行 NNF 搜索时，找不到对应语义，错将输入图像 A 中的服饰与输入图像 B' 中的皮肤进行匹配。

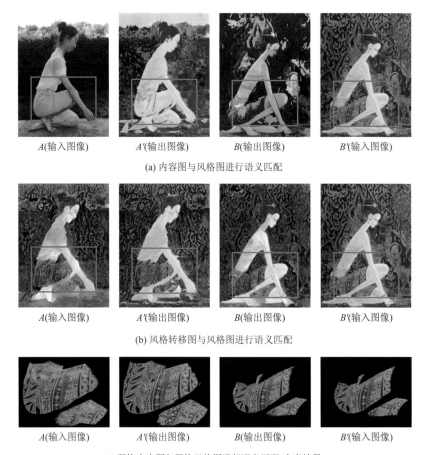

A(输入图像)　　　A'(输出图像)　　　B(输出图像)　　　B'(输入图像)

(a) 内容图与风格图进行语义匹配

A(输入图像)　　　A'(输出图像)　　　B(输出图像)　　　B'(输入图像)

(b) 风格转移图与风格图进行语义匹配

A(输入图像)　　　A'(输出图像)　　　B(输出图像)　　　B'(输入图像)

(c) 服饰内容图与服饰风格图进行语义匹配(本章结果)

图 6.3-6　对输入图像 A 和 B' 进行语义匹配，得到 A' 和 B 两幅重建后的图像

图 6.3-6（b）中，风格转移后的人物服饰上有纹理，与输入图像 B' 进行语义匹配时，匹配出来的纹理很乱，这是因为输入图像 A 是在风格转移中使用了格拉姆矩阵来约束隐藏层特征，重建出来的特征被打散，所以用图像类比的方法重建出来的服饰纹理也是乱的。

图 6.3-6（c）中，为了建立输入图像 A 和输入图像 B' 语义上的对应，于是将输入图像 B' 服饰上的纹理简单拼贴到输入图像 A 上，再对输入图像 A 和输入图像 B' 进行 NNF 搜索，生成的服饰纹理转移图补全了输入图像 A 中未进行纹理拼贴的部分，最终生成的服饰纹理转移图既保留了输入图像 A 的形状大小，又和输入图像 B' 的纹理特征一致。

6.3.3　泊松图像融合

在进行重彩画风格转移时，本节通过观察重彩画的特点，为重彩画各个部分制订了风格转移方案,主要分为四个部分进行风格转移,即背景风格转移、人物风格转移、头像风格转移和服饰纹理转移,现在需要将背景、头像、结构保持图的肢体和服饰融合起来,如图 6.3-7 所示。因此本节引入 Rez 等[14]的泊松图像融合,他们的算法能实现图像的无缝融合。

(a) 头像风格转移图　(b) 结构保持（人物风格）图　(c) 服饰纹理转移图　(d) 背景风格转移图

图 6.3-7　《圣洁之花》头像、人物、服饰、背景风格转移图

现在有图像 g、背景 S,需要把图像 g 融合到背景 S 中,实现无缝融合的效果。泊松图像融合的算法思路如下。

（1）求解图像 g 的梯度场 v 和背景图像中 f^* 的梯度场。

（2）将图像 g 的梯度场 v 和背景图像中 f^* 的梯度场相加得到整幅待重建图像的梯度场,如图 6.3-8 所示。

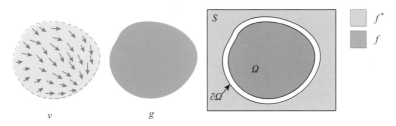

图 6.3-8　符号图解

（3）根据整幅待重建图像的梯度场求散度。

融合过程如下。

（1）头像融合,如图 6.3-9 所示。

图 6.3-9　头像融合

（2）肢体融合,如图 6.3-10 所示。

(a) 结构保持图　　　　　　　(b) 头像融合图　　　　　　　(c) 肢体融合图

(d) 皮肤融合图（本章的结果）

图 6.3-10　肢体融合

　　图 6.3-10（a）的肢体比图 6.3-10（b）的肢体色调暗，把图 6.3-10（a）的肢体融合到图 6.3-10（b）的肢体位置时，图 6.3-10（c）的皮肤纹理都消失了。为了保留皮肤纹理，将图 6.3-10（b）的皮肤亮度调暗，具体做法是将目标图像转到 HSV 颜色空间，对亮度通道进行调整，调整后将图像转回 RGB 颜色空间：

$$V' = \varepsilon M_i V \tag{6.3-10}$$

式中，V 为亮度通道；M_i 为需要调整区域的掩模；ε 为增强或减弱亮度的倍数，本节默认 $\varepsilon = 0.5$；V' 为调整后的结果。将图 6.3-10（b）的皮肤亮度调暗后和图 6.3-10（a）的皮肤融合得到图 6.3-10（d）。

　　（3）服饰、背景融合。在进行泊松图像融合时，背景图像的颜色会渗透到原图像上，因此对于服饰和背景的融合采用拼贴的方法，图 6.3-11（d）为最终的融合效果图。

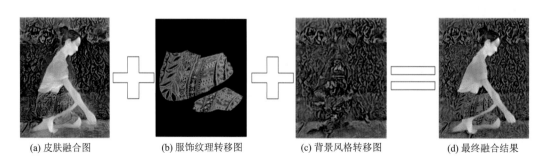

(a) 皮肤融合图　　　　　(b) 服饰纹理转移图　　　　　(c) 背景风格转移图　　　　　(d) 最终融合结果

(e) 图(d)放大图

图 6.3-11　背景、头像、结构保持图的肢体和服饰的融合

6.3.4　多风格转移

通过对应语义的风格转移，已经实现将一幅风格图的风格转移到内容图的对应语义位置上，为了将多幅风格图转移到内容图的特定区域，本章提出了多风格转移方法，多风格转移通过对内容图和多幅风格图划定一一对应的语义分割区域，风格转移时就可以根据设定的区域分割的匹配度来进行对应区域的风格转移，从而实现不同区域的风格来自不同的风格图，使风格转移的风格更加丰富多样。

为了实现特定区域风格转移，将式（6.3-5）改为

$$F_{l,c}\big[S_\zeta\big]=F_l\big[S_\zeta\big]M_{l,c}\big[S_\zeta\big] \tag{6.3-11}$$

式中，$\zeta\in\{1,2,\cdots,m\}$，$m\leqslant C$，C 是分割类别数，m 表示转移风格图数量；S_ζ 表示第 ζ 幅风格图；$M_{l,c}$ 为第 l 层的第 c 个分割掩模。

下面展示特定区域的风格转移结果，如图 6.3-12 所示。

将风格 1《孔雀之舞》的人物风格转移到内容图人物中，风格 2《中国之歌》的背景转移到内容图背景中，得到图 6.3-12 的风格转移图。

6.3.5　实验结果

通过对内容图进行对应语义的风格转移，风格转移结果表现出重彩画人物肢体修长的美感、精细的纹理特征。下面展示风格转移的实验结果。

图 6.3-13 将重彩画《古都春雨》《落日》进行特定区域的风格转移，将风格 1《落日》的头像和皮肤的风格转移到内容图头像和皮肤中，风格 2《古都春雨》的背景和服饰风格转移到内容图背景和服饰中。将风格转移后的头像、结构保持图的肢体、背景风格转移图和服饰纹理转移图融合，得到融合图。

图 6.3-12　特定区域的风格转移结果

注：内容图源自作者团队课题组成员自拍

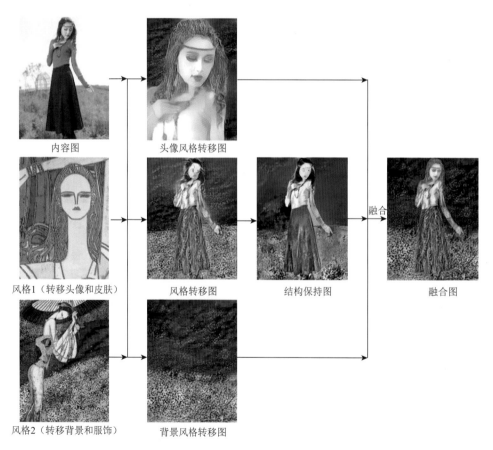

图 6.3-13　重彩画《古都春雨》《落日》风格转移

　　图 6.3-14 将重彩画《湖光普照》《花园》《狩猎》进行特定区域的风格转移，将风格 1 《湖光普照》的头像和皮肤的风格转移到内容图头像和皮肤中，风格 2《花园》的服饰转移到内容图服饰中，风格 3《狩猎》的背景转移到内容图背景中。将风格转移后的头像、结构保持图的肢体、背景风格转移图和服饰纹理转移图融合，得到融合图。

内容图　头像风格转移图

风格1（转移头像和皮肤）　风格转移图　结构保持图

风格2（转移服饰）　服饰内容图　服饰纹理转移图

融合

融合图

风格3（转移背景）　背景风格转移图

图 6.3-14　重彩画《湖光普照》《花园》《狩猎》风格转移

　　图 6.3-15 将重彩画《圣洁之花》的风格转移到内容图中。将风格转移后的头像、结构保持图的肢体、背景风格转移图和服饰纹理转移图融合，得到融合图。

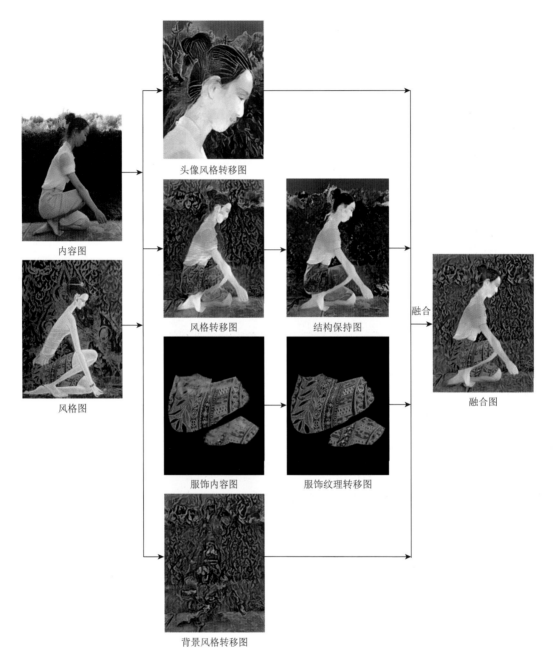

图 6.3-15　重彩画《圣洁之花》风格转移

图 6.3-16 将重彩画《湖光普照》的风格转移到内容图中。将风格转移后的头像、结构保持图的肢体、背景风格转移图和服饰纹理转移图融合，得到融合图。

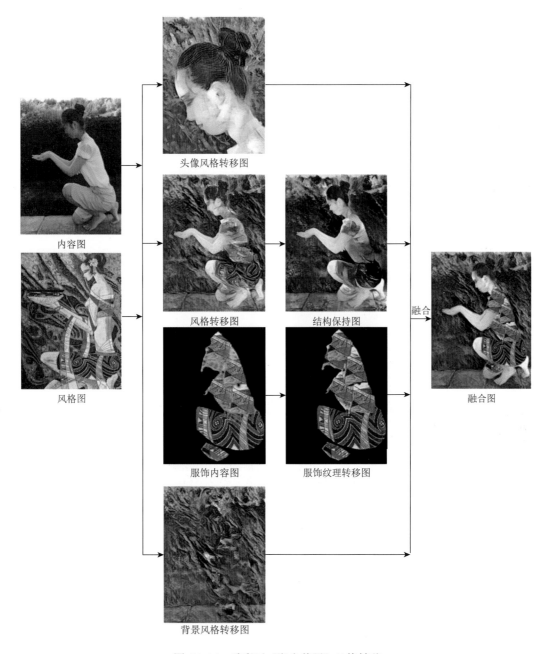

图 6.3-16　重彩画《湖光普照》风格转移

图 6.3-17 将重彩画《落日》《生命之源》进行特定区域的风格转移，将风格 1《落日》的头像和皮肤的风格转移到内容图头像和皮肤中，风格 2《生命之源》的背景和服饰风格

转移到内容图背景和服饰中。将风格转移后的头像、结构保持图的肢体、背景风格转移图和服饰纹理转移图融合，得到融合图。

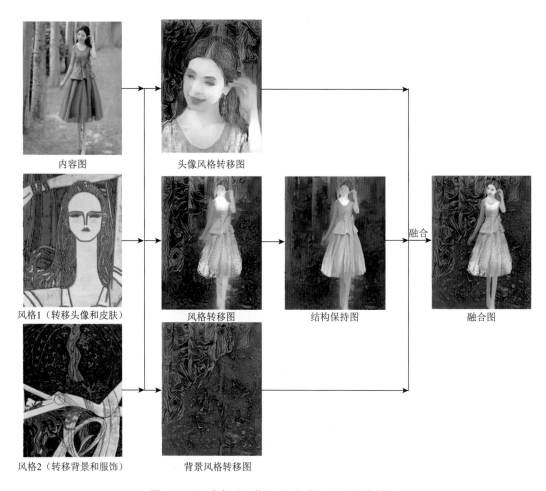

图 6.3-17　重彩画《落日》《生命之源》风格转移

　　使用本节方法进行风格转移，风格转移的结果既与原图相似，又有重彩画的特色。

　　头像转移图：风格图的眼影、唇色和肤色都成功转移到内容图相对应的位置上，头发保留了内容图的形状特征，又转移了风格图的纹理和颜色特征。

　　结构保持图：进行结构保持后，人物结构保持完整。

　　服饰纹理转移图：服饰纹理转移结果既保留了内容图的形状特征，又与风格图的纹理一致。

　　下面展示将不同风格图的风格转移到同一内容图的实验结果。

　　图 6.3-18 将重彩画《圣洁之花》、《小夜曲》和《中国之歌》的风格分别转移到同一内容图中，风格转移时内容图和风格图的人物姿势不一致，也可以将风格图的风格转移到内容图的特定区域，风格不会发生溢出。

(a) 内容图

(b)《圣洁之花》风格转移图

(c) 风格图《圣洁之花》

(d)《小夜曲》风格转移图

(e) 风格图《小夜曲》

(f)《中国之歌》风格转移图

(g) 风格图《中国之歌》

图 6.3-18　基于同一内容图多种风格转移

6.4　云南重彩画轮廓线条感增强

　　云南重彩画是结合了中国线条画和西方油画的特点绘制而成的，其线条分明灵动，因此增强风格转移图的线条感是很有必要的。目前有很多提取图像边缘线的算法，罗伯特（Robert）边缘检测算子是将对角线方向相邻的两像素作差得到边缘信息，边缘检测的准确率不高。DoG 滤波器是对高斯函数作差，选择不同方差，对图像进行两次高斯滤波后相减，得到的结果是图像的线条图，通过改变参数，可以得到不同的线条图。DoG 边缘模型是各向同性的滤波器，边缘像素的方向特征不清楚，而且得到的边缘存在一些噪声点。Kang 等[5]提出的各向异性 DoG 滤波器能提取出清晰、平滑的线条，并有效改善了 DoG 边缘模型提取的边缘像素方向特征不清楚的问题。Xu 等[4]的 L_0 梯度最小化的图像平滑可以增强边缘，修剪内部线条。Sasaki 等[6]提出了数据驱动方法，该方法能自动检测和补全线条图的缺口。

　　本节的目的是提取内容图人物的轮廓线，使用 L_0 梯度最小化的图像平滑来增强边缘，修剪内部线条，并结合各向异性 DoG 滤波器进行边缘检测，采用线条图缺口检测和补全算法进行线条图缺口的补全，最后产生清晰、平滑、连贯的线条图。

6.4.1　各向异性 DoG 滤波器提取人物的轮廓线

1. 边缘向量构建

首先构造输入图像的边缘向量，这个边缘向量必须能保持重要边缘原来的方向，为了构造的边缘向量能保持图像的重要线条，使用空间权重函数、模值权重函数、方向权重函数进行约束，从而定义边缘切向流滤波器：

$$t^{i+1}(x) = \frac{1}{k} \sum_{y \in N(x)} \delta(x,y) t^i(y) \omega_s(x,y) \omega_m(x,y) \omega_d(x,y), \quad i = 1,2,3,\cdots \quad （6.4-1）$$

式中，$N(x)$ 表示 x 的邻域，使用 k 进行归一化处理；$\omega_s(x,y)$、$\omega_m(x,y)$、$\omega_d(x,y)$ 分别为空间权重函数、模值权重函数、方向权重函数。

空间权重函数：

$$\omega_s(x,y) = \begin{cases} 1, & \|x-y\| < r \\ 0, & \text{其他} \end{cases} \quad （6.4-2）$$

对于空间权重函数，使用半径为 r 的径向对称盒滤波器，r 为核半径。

模值权重函数：

$$\omega_m(x,y) = \frac{1}{2}\left(1 + \tanh\left(\eta \cdot \left(\hat{g}(y) - \hat{g}(x)\right)\right)\right) \quad （6.4-3）$$

式中，$\hat{g}(x)$ 表示在 x 点的归一化梯度幅值；η 控制下降速率；ω_m 是单调递增函数，如果像素 y 的模值大于像素 x 的模值，则像素 y 被赋予更高的权重，使重要边缘方向被保留。

方向权重函数：

$$\omega_d(x,y) = \left| t^i(x) \cdot t^i(y) \right| \quad （6.4-4）$$

符号函数：

$$\delta(x,y) \in \begin{cases} 1, & t^i(x) \cdot t^i(y) > 0 \\ -1, & \text{其他} \end{cases} \quad （6.4-5）$$

式中，$t^i(x)$ 表示在 x 点归一化后的边缘向量。如果两个向量之间的夹角 θ 接近 0°或 180°，权重增加，如果这两个向量夹角为 90°，权重减少。当两个向量夹角大于 90°时，使用符号函数 $\delta(x,y)$ 使边缘向量为正值。

初始的边缘向量记作 $t^0(x)$，是从输入图像 I 的初始梯度图 $g^0(x)$ 中取垂直向量得到的，然后再将其归一化。初始梯度图 $g^0(x)$ 采用 Sobel 算子计算。运用式（6.4-1）迭代更新边缘切向流：$t^i(x) \rightarrow t^{i+1}(x)$。

2. 各向异性 DoG 滤波器

$t(x)$ 是由式（6.4-1）构造的边缘切向流，因为在梯度方向对比度可能比较高，所以在梯度方向应用各向异性 DoG 滤波器。

图 6.4-1 展示了基于流的 DoG 滤波器。基于流的 DoG 滤波器描述如下：沿着积分曲线 c_x 移动，在直线 l_s 上应用一个一维的滤波器 f 垂直于 $t(c_x(s))$，相交于 $c_x(s)$，即

$$F(s) = \int_{-T}^{T} I\left(l_s(t)\right) f(t) \mathrm{d}t \quad （6.4-6）$$

DoG 滤波器的边缘模型：

$$f(t) = G_{\sigma_c}(t) - \rho \cdot G_{\sigma_s}(t) \quad （6.4-7）$$

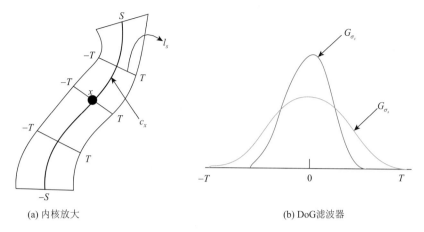

(a) 内核放大　　　　　　　　　　　(b) DoG 滤波器

图 6.4-1　基于流的 DoG 滤波器

G_σ 表示一维高斯函数，方差为 σ：

$$G_\sigma(x) = \frac{1}{\sqrt{2\pi}} e^{-\frac{x^2}{2\sigma^2}} \tag{6.4-8}$$

在 c_x 上积累单个滤波器响应 $F(s)$：

$$H(x) = \int_{-s}^{s} G_{\sigma_m}(s)F(s)\mathrm{d}s \tag{6.4-9}$$

二值化处理：

$$\bar{H}(x) = \begin{cases} 0, & H(x) < 0 且 1 + \tanh(H(x)) < \tau \\ 1, & 其他 \end{cases} \tag{6.4-10}$$

式中，x 为曲线中心，即 $c_x(0) = x$；$l_s(t)$ 表示直线 l_s 上的一点；$I(l_s(t))$ 表示输入图像 I 在 $l_s(t)$ 上的值。设 $\sigma_s = 1.6\sigma_c$，T 决定产生线条图的线宽，ρ 控制噪声水平，默认值为 0.99。s 由参数 σ_m 决定，从而控制内核线长，$\tau \in [0,1]$。

从内核中抽取 $p \times q$ 个点。首先从 x 流出并沿着 c_x 抽取 p 个点，让 z 表示沿着 c_x 抽取的样本点。最初，设集合 $z \leftarrow x$，然后迭代获得下一个采样点，沿着 c_x 在一个方向上使用一个固定的步长 δ_m：$z \leftarrow z + \delta_m \cdot t(z)$。同样地，获得另一半的采样点 c_x：$z \leftarrow z - \delta_m \cdot t(z)$。沿垂直于 $t(z)$ 的直线采 q 个采样点，步长为 δ_n。在实验中，设置 $\delta_m = \delta_n = 1$。p、q 分别由 σ_m 和 σ_n 决定。

本节的目标是提取人物的边缘线，边缘线不含人物内部线条。比较 Robert 边缘检测算子、DoG 滤波器和各向异性 DoG 滤波器线提取效果，可以从图 6.4-2 看出 Robert 边缘检测算子的边缘定位精度不高，DoG 滤波器会检测出许多孤立的、离散的边。各向异性 DoG 滤波器改善了 DoG 滤波器的检测效果，但检测结果常常包含一些无用的线条（如矩形框框出的部分）。因此引入 Xu 等[4]的 L_0 梯度最小化的图像平滑结合各向异性 DoG 滤波器来增强边缘，修剪内部线条。

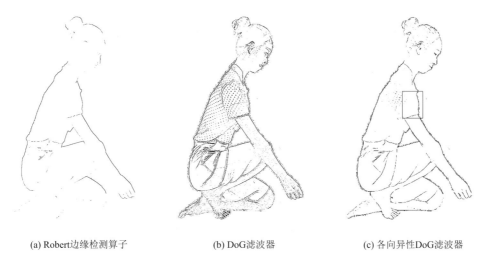

(a) Robert边缘检测算子　　　　　(b) DoG滤波器　　　　　(c) 各向异性DoG滤波器

图 6.4-2　各向异性 DoG 滤波器运行结果和其他线提取技术的比较

6.4.2　梯度最小化的图像平滑增强边缘

大部分情况下，对图像进行平滑处理是为了去除图像中的噪声，因为噪声一般就是一些离散的点，是像素变化比较大的区域。在传统的图像处理中，大部分操作都是用一些具有平滑性质的卷积核对图像进行模糊处理，最常用的如高斯模糊、均值滤波等。这些方法都有一个缺陷，就是在模糊噪声的同时，也模糊了边缘。当然之后也有一些改进的方法，如双边滤波等，这些方法都在边缘保持上进行了很多改进，但多少还是会损失边缘的信息。Xu 等[4]的方法完全不同于以往的这些算法，它从图像梯度的角度出发，在平滑掉大部分细小的噪声的同时，又能最大限度地保留重要的边缘信息。

在二维图像中，用 I 表示输入图像，用 S 表示计算结果。$\#\{\cdot\}$ 是计数操作符，输出满足 $|\partial_x S_p| + |\partial_y S_p| \neq 0$ 的 p 的个数，也就是 L_0 梯度。$C(S)$ 不依赖于梯度大小，因此，仅改变边缘对比度，梯度不会受到影响。每个像素 p 的梯度为 $\nabla S_p = (\partial_x S_p, \partial_y S_p)^{\mathrm{T}}$，来计算相邻像素沿 x 和 y 方向的色差。梯度度量表示为

$$C(S) = \#\left\{p \,\middle|\, |\partial_x S_p| + |\partial_y S_p| \neq 0\right\} \tag{6.4-11}$$

通过求解式（6.4.-11）来估计 S：

$$\min_S \left\{\sum_p (S_p - I_p)^2 + \lambda \cdot C(S)\right\} \tag{6.4-12}$$

通过最小化式（6.4-12）平滑信号的细节部分，保留信号的尖锐部分。其中 λ 为平滑权重参数，λ 取较大值使结果有很少的边缘。

下面分析 L_0 梯度最小化平滑图像中平滑权重参数 λ 对线条提取的影响。

图 6.4-3（a）为输入图像，图 6.4-3（e）为使用各向异性 DoG 滤波器提取的边缘线。图 6.4-3（b）、图 6.4-3（c）、图 6.4-3（d）是对图 6.4-3（a）使用 L_0 梯度最小化平滑图像得到的，平滑权重参数 λ 分别为 3.44、8.87、14.31，再对平滑后的图像使用各向异性 DoG

滤波器提取边缘线得到图 6.4-3（f）、图 6.4-3（g）、图 6.4-3（h），从图中可以看出，λ 越大，图像细节被平滑得越多，与各向异性 DoG 滤波器边缘检测效果图相比，L_0 梯度最小化平滑图像结合各向异性 DoG 滤波器进行边缘检测，增强了边缘线，修剪了人物内部的一些线条，在平滑参数的选择上，需要权衡提取出来的线条图的连贯性和平滑性，图 6.4-3（e）的线条图的连贯性最好，但人物内部线条最多，图 6.4-3（g）、图 6.4-3（h）虽然人物内部线条已基本平滑了，但线条图的连贯性不好，相比之下图 6.4-3（f）的线条的连贯性和平滑性相对较好，所以选取图 6.4-3（f）作为本章的结果。由于图 6.4-3（f）还存在缺口，因此引入 Sasaki 等[6]的数据驱动方法，该方法能自动检测和补全线条图的缺口。

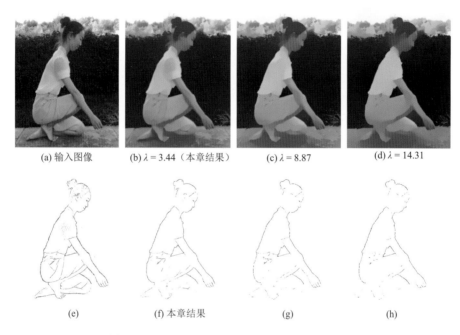

图 6.4-3　不同平滑权重参数 λ 对线条提取的影响

6.4.3　基于卷积神经网络的线条图缺口检测和补全

1. 线条图缺口补全方法

对于线条图的缺口补全，本节使用了一个深度卷积神经网络，与大家熟知的卷积神经网络模型不同，它只包含卷积层和上采样层。输入的图像是灰度线条图，输出的是进行缺口检测补全后的图像。在该方法中，使用了一个小的数据集，训练时擦掉线条图的部分，作为训练的输入，而完整图像作为目标。通过对这些完整图像和具有缺口的输入图像进行训练，卷积神经网络可以学到哪里需要进行缺口补全、如何进行线条图缺口补全。

2. 模型框架结构

模型是建立在全卷积网络上的，由于没有全连接层，整个网络功能就像一种滤波器，可以应用于任何大小的图像中。

图 6.4-4 为模型体系结构，C 代表卷积层，U 代表最近邻上采样层。除了第一层使用 5×5 的卷积核，其他的卷积层都使用 3×3 的卷积核。在所有卷积层中，使用零填充特征映射，以确保图像不收缩。此外，还采用了最近邻上采样来提高输出的分辨率。这种上采样比全卷积网络中使用反卷积的效果好。为了使输入图像和输出图像的大小保持一致，使用了数量相同的下采样层和上采样层。

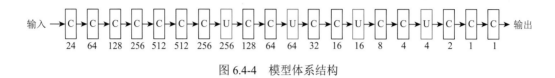

图 6.4-4　模型体系结构

通用架构遵循编码器-解码器的设计思想，在该设计中，模型前半部分通过降低图像的分辨率来提取特征并压缩数据。这可以从输入图像的较大区域计算每个输出像素。该模型的后半部分用来巩固线条和锐化输出，与模型的前半部分相比，它的滤波器更少。对于激活函数，除了最后一个使用 Sigmoid 函数，其他使用 ReLU 函数，这样输出的灰度范围就在[0, 1]内。对于训练，除了最后一个卷积层，在每个卷积层后插入一个批处理标准化层（batch-normalization layer）。这些批处理标准化层保持了均值近似为 0，标准差近似为 1，这使网络能够有效地从头学习。另外，还对输入的数据进行了归一化处理。

3. 数据与训练

在训练过程中，使用完整的线条图作为目标，将这些线条图擦除一部分作为输入。在卷积神经网络模型中，通常需要数百万的训练数据来学习。然而，由于没有这样的数据集，可以从一个小的线条图数据集中自动生成不同的训练对。

产生训练数据：数据集只基于 60 幅简单的线条图，每幅图像都有多种线条，如多边形线条、曲线或直线。当训练时，生成各种训练数据对，如图 6.4-5 所示。首先，通过在

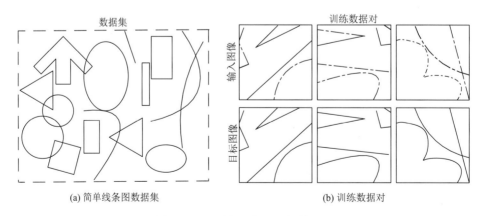

(a) 简单线条图数据集　　　　　　　　　(b) 训练数据对

图 6.4-5　部分数据集及训练数据对

数据集图像中随机裁剪一个图像块来生成目标图像对。然后，输入数据是通过随机删除 10～50 个像素块来创建的。另外，图像经过随机旋转、缩放和翻转，就可以产生很多数据。

使用 MSE 作为损失函数来训练模型，Y 是输入图像，Y^* 是目标图像：

$$l(Y^*,Y)=\frac{1}{|N|}\sum_{p\in N}\left(Y_p^*-Y_p\right)^2 \qquad (6.4\text{-}13)$$

式中，N 是图像中所有像素的集合；Y_p 和 Y_p^* 分别是输入图像、目标图像在 p 点的像素值。

图 6.4-6 显示了使用数据驱动的线条缺口检测与补全方法的结果图。

(a) 线条补全前　　　　　　　　(b) 线条补全后

图 6.4-6　线条缺口检测和补全

使用线条缺口检测和补全算法对图 6.4-6（a）进行线条缺口补全，得到图 6.4-6（b），补全后线条图变得连贯、平滑。

图 6.4-7（b）是将图 6.4-6（b）的线条图叠加到图 6.4-7（a）上，经过线条感增强后的结果，人物的轮廓线变得清晰，从矩形框框出的部分看出，线条感增强后人物手指变得分明了。

(a) 线条感增强前　　　　　　　　(b) 线条感增强后

图 6.4-7　《圣洁之花》风格转移图线条感增强

6.4.4 线条感增强实验结果

对风格转移后的头像、人物肢体、服饰和背景融合后再进行线条感增强，得到线条感增强后的风格转移图，风格转移图经过线条感增强后，表现出重彩画线条分明灵动的特点，下面展示线条图的提取过程和线条感增强后的风格转移图，如图 6.4-8～图 6.4-12 所示。

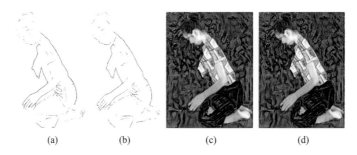

图 6.4-8　《湖光普照》《花园》《狩猎》多风格转移图线条感增强

注：图（c）是图 6.3-14 中的融合图，图（a）为使用各向异性 DoG 滤波器提取图 6.3-14 内容图得到线条补全前的图，对图（a）进行线条缺口检测和补全后得到图（b），将图（b）融合到图（c）上得到图（d）

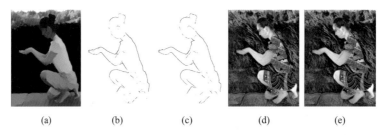

图 6.4-9　《湖光普照》风格转移图线条感增强

注：图（d）是图 6.3-16 中的融合图，将图 6.3-16 的内容图进行 L_0 梯度最小化平滑得到图（a），再使用各向异性 DoG 滤波器提取图（a）轮廓得到线条补全前的图（b），对图（b）进行线条缺口检测和补全后得到图（c），最后将图（c）融合到图（d）得到图（e）

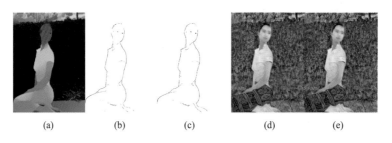

图 6.4-10　《孔雀之舞》风格转移图线条感增强

图（d）是图 6.3-12 中的风格转移图，将图 6.3-12 的内容图进行 L_0 梯度最小化平滑得到图（a），再使用各向异性 DoG 滤波器提取图（a）轮廓得到线条补全前的图（b），对图（b）进行线条缺口检测和补全后得到图（c），最后将图（c）融合到图（d）得到图（e）

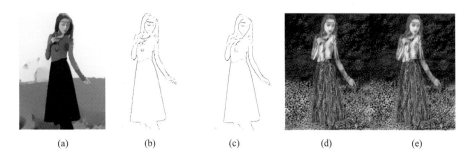

(a)　　　　　(b)　　　　　(c)　　　　　(d)　　　　　(e)

图 6.4-11　《古都春雨》风格转移图线条感增强

注：图（d）是图 6.3-13 中的融合图，将图 6.3-13 的内容图进行 L_0 梯度最小化平滑得到图（a），再使用各向异性 DoG 滤波器提取图（a）轮廓得到线条补全前的图（b），对图（b）进行线条缺口检测和补全后得到图（c），最后将图（c）融合到图（d）得到图（e）

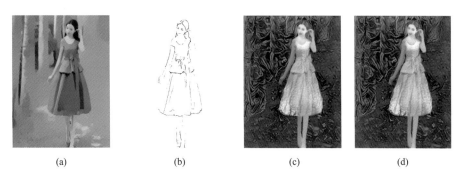

(a)　　　　　　(b)　　　　　　(c)　　　　　　(d)

图 6.4-12　《生命之源》《落日》多风格转移图线条感增强

注：图（c）是图 6.3-17 中的融合图，将图 6.3-17 的内容图进行 L_0 梯度最小化平滑得到图（a），再使用各向异性 DoG 滤波器提取图（a）轮廓得到图（b），最后将图（b）融合到图（c）得到图（d）

　　本节使用了 L_0 梯度最小化的图像平滑来增强边缘，修剪内部线条，并结合各向异性 DoG 滤波器进行边缘检测，采用线条图缺口检测和补全算法进行线条图缺口的补全，最后产生了清晰、平滑、连贯的线条图。经过线条感增强后，整幅图像的轮廓更加清晰，下面展示同一线条图，不同风格转移图的线条感增强。

　　对图 6.3-18 中的风格转移图进行线条感增强，得到图 6.4-13 中的线条感增强图，经过线条感增强后，人物边缘线更加分明。

(a) 线条图　　　　　(b)《圣洁之花》风格转移图　　　　(c)《圣洁之花》风格转移图线条感增强

(d)《小夜曲》风格转移图　　(e)《小夜曲》风格转移图　　(f)《中国之歌》风格转移图　　(g)《中国之歌》风格转移图
　　　　　　　　　　　　　　　 线条感增强　　　　　　　　　　　　　　　　　　 线条感增强

图 6.4-13　基于同一线条图的不同风格转移图线条感增强

6.5　云南重彩画风格转移效果对比

在对云南重彩画风格转移的研究中，文献[15]、文献[16]均取得了较好的效果，其中文献[15]主要从重彩画绘画作品中提取基本图形元素，通过对图形元素进行修改、变形、组合，从而绘制出具有云南重彩画特色的白描图，然后对白描图进行上色，模拟重彩画纹理，从而绘制出云南重彩画数字合成图。文献[16]通过对照片人脸进行轮廓线提取，并对五官进行变形，再使用文献[15]的云南重彩画着色和渲染系统对人物头发进行变换，对嘴唇和眼影进行上色，生成具有云南重彩画特色的人物肖像。

为了展示本章算法的有效性，将本章算法的转移效果和上述两篇文献算法的结果进行对比。下面将从人物风格转移、背景风格转移和头像风格转移三个方面与上述两篇文献的结果进行详细比较。

1. 重彩画人物风格转移效果对比

为了对比本章重彩画风格转移效果和文献[15]的重彩画绘制效果，在表 6.5-1 中展示了三组风格转移效果图。

表 6.5-1　本章重彩画风格转移效果与文献[15]的重彩画绘制效果对比

内容图及风格图	本章风格转移效果图	文献[15]绘制效果图

内容图及风格图	本章风格转移效果图	文献[15]绘制效果图

　　文献[15]通过提取重彩画绘画作品的图形元素绘制出白描图,再对白描图进行上色、纹理模拟得到重彩画数字合成图。该方法不能对照片进行处理,而且需要有一定的美术功底的人才能绘制出好的重彩画数字合成图。该方法通过提取重彩画绘画作品的图形元素绘制白描图,所以绘制的重彩画样式有限,而本章的算法是对照片进行重彩画风格转移,风格转移的结果既与原图相似,又有重彩画的特色。风格图的眼影、唇色和肤色都成功转移到内容图相对应的位置上,头发既保留了内容图的形状特征,又转移了风格图的纹理和颜色特征,服饰纹理转移结果既保留了内容图的形状特征,又与风格图的纹理一致,与文献[15]相比,本章算法生成的重彩画风格图更加多样。

2. 重彩画背景风格转移效果对比

　　为了对比本章重彩画背景风格转移效果和文献[15]的重彩画背景绘制效果,在表 6.5-2 中展示了三组背景风格转移效果图。

表 6.5-2   本章重彩画背景风格转移效果与文献[15]的重彩画纹理合成效果对比

重彩画	本章背景风格转移图	纹理块	文献[15]纹理合成图

本章使用卷积神经网络分离内容图的内容特征和风格特征，再将内容图的内容特征

和风格图的风格特征融合得到重彩画背景风格转移图。文献[15]提出一种按行纹理合成算法，首先按块合成一行纹理，再按行合成整个纹理，使用该方法得到的纹理不具有随机性，即整个纹理是由纹理块组合而成的，合成的纹理只有所选取的纹理块的纹理特点，而使用本章的方法生成的背景纹理既保留了内容图的特点，又具有风格图的风格，对于一张风格图具有多种纹理的情况，也可以一次性转移到内容图中，而文献[15]的方法需要进行多次纹理合成，如表 6.5-2 第三行图片所示，使用本章方法，只需要转移一次就可以得到具有两种纹理效果的背景风格转移图，而文献[15]需要进行两次纹理合成才能得到具有两种纹理效果的背景纹理合成图。

3. 重彩画头像风格转移效果对比

为了对比本章重彩画头像风格转移效果和文献[16]的重彩画头像风格转移效果，在图 6.5-1 中展示了三组头像风格转移效果图。

(a) 本章重彩画头像风格转移

(b) 文献[16]重彩画头像风格转移

图 6.5-1　本章重彩画头像风格转移效果与文献[16]的重彩画头像风格转移效果对比

文献[16]通过观察重彩画，总结出重彩画人物五官的特点，然后对人物进行五官变形，再使用文献[15]的云南重彩画着色和渲染系统对人物头发进行变换，对嘴唇和眼影进行上色，生成具有云南重彩画特色的人物肖像，但转移结果不具有重彩画人物的个体差异性，发型、眼影和唇色表现单一。而本章的方法对照片人物进行风格转移，风格转移的结果既与原图相似，又有重彩画的特色。风格图的眼影、唇色和肤色都成功转移到内容图相对应的位置上，头发既保留了内容图的形状特征，又转移了风格图的纹理和颜色特征。

如图 6.5-1（a）所示，三幅风格转移图，头发、眼影、唇色和肤色都表现出所转移的重彩画的纹理和颜色特点。

6.6　本 章 小 结

随着风格转移技术研究的不断深化，国内外研究机构和学者已经实现将卡通画、素描、中国山水画、油画、剪纸等风格转移到照片中，但对于既有人物，纹理又精细的绘画作品，单一使用现有的风格转移算法无法既保留人体结构又保留精细的纹理结构，如重彩画。因此，本章选取云南重彩画作为研究对象，通过研究重彩画，可以探索既有人物，纹理又精细的绘画作品的风格转移问题。针对云南重彩画人物肢体修长、服饰纹理具有很强的结构性和鲜明的线条的特点，本章从基于语义的人体变形、对应语义的重彩画风格转移、云南重彩画轮廓线条感增强等方面对重彩画的风格转移进行了研究，实现了云南重彩画风格转移。

本章解决的主要问题可以概括为以下几点。

1）设计了云南重彩画风格转移流程框架

根据重彩画各个部分的特点，本章提出了重彩画风格转移的算法，设计了云南重彩画风格转移流程框架（图 6.1-1）。重彩画风格转移主要分为三个部分：第一部分提出了基于语义的人体变形，使照片人物具有重彩画人物肢体夸张、修长的特点；第二部分为对应语义的重彩画风格转移；第三部分为线条感增强。

2）基于语义的人体变形

云南重彩画大多数是描绘女性的，且人物形体夸张，肢体修长。由于照片人物与重彩画中的人物形体差别比较大，本章提出对图像中的人体形象进行重塑，通过增加人物肢体长度、减小腰身大小等，得到的内容图人物具有重彩画人体纤细、肢体修长的美感，为后续进行对应语义的重彩画风格转移奠定了基础。

3）对应语义的重彩画风格转移

根据重彩画人物五官精致细腻、服饰纹理具有很强的结构性等特点，本章从人物、背景、头像和服饰四个部分提出了相应的风格转移方案。

人物风格转移，在使用 Gatys 等[2]的算法进行风格转移时人物会发生扭曲，因此增加了结构保持的损失函数，保持人物结构；背景的风格转移，采用图像修复的方法将内容图的背景补全，再进行风格转移；头像风格转移，重彩画人物头像五官精致细腻，面部的纹理特点需要精准地保留，因此本章对头像进行分区域结构增强的风格转移；服饰纹理转移，重彩画服饰纹理具有很强的结构性，使用 Gatys 等[2]的算法转移出来的服饰纹理会被打乱，本章提出使用图像类比的方法进行人物服饰纹理转移，生成了具有重彩画人物服饰结构特点的服饰。

4）线条感增强

云南重彩画线条分明灵动，需要对风格转移图进行线条感增强。本章提出 L_0 梯度最小化平滑图像、各向异性的 DoG 滤波器、线条图缺口检测和补全算法相结合的方式对变形后的照片人物提取线条。将线条图叠加到风格转移图中，最终得到具有云南重彩画人物肢体修长的美感、精细的纹理特征和线条分明灵动的特点的风格转移图。

参 考 文 献

[1]　Zhou S，Fu H，Liu L，et al. Parametric reshaping of human bodies in images[J]. ACM Transactions on Graphics，2010，29（4）：1-10.

[2]　Gatys L A，Ecker A S，Bethge M. Image style transfer using convolutional neural networks[C]//Computer Vision and Pattern Recognition，Las Vegas，2016：2414-2423.

[3]　Criminisi A，Perez P，Toyama K. Region filling and object removal by exemplar-based image inpainting[J]. Washington：IEEE Transactions on Image Processing，2004，13（9）：1200-1212.

[4]　Xu L，Lu C，Xu Y，et al. Image smoothing via L_0 gradient minimization[J]. ACM Transactions on Graphics，2011，30（6）：1-12.

[5]　Kang H，Lee S，Chui C K. Coherent line drawing[C]//International Symposium on Non-Photorealistic Animation and Rendering，San Diego，2007：43-50.

[6]　Sasaki K，Iizuka S，Simoserra E，et al. Joint gap detection and inpainting of line drawings[C]//IEEE Conference on Computer Vision and Pattern Recognition，Honolulu，2017：5768-5776.

[7]　Schaefer S，Mcphail T，Warren J. Image deformation using moving least squares[C]//ACM SIGGRAPH，Boston，2006：533-540.

[8]　Igarashi T，Moscovich T，Hughes J F. As-rigid-as-possible shape manipulation[J]. ACM Transactions on Graphics，2005，24（3）：1134-1141.

[9]　Kraevoy V，Sheffer A，Panne M V D. Modeling from contour drawings[C]//Eurographics Symposium on Sketch-Based Interfaces and Modeling，New Orleans，2009：37-44.

[10]　Hasler N，Stoll C，Sunkel M，et al. A statistical model of human pose and body shape[J]. Computer Graphics Forum，2009，28（2）：337-346.

[11]　Luan F J，Paris S，Shechtman E，et al. Deep photo style transfer[C]//Proceedings of the IEEE Conference on Computer Vision and Pattern Recognition，Honolulu，2017：6997-7005.

[12]　Hertzmann A，Jacobs C E，Oliver N，et al. Image analogies[C]//Proceedings of the 28th Annual Conference on Computer Graphics and Interactive Technique，Los Angeles，2001：327-340.

[13]　Liao J，Yao Y，Yuan L，et al. Visual attribute transfer through deep image analogy[J]. ACM Transactions on Graphics，2017，36（4）：120.

[14]　Rez P，Gangnet M，Blake A. Poisson image editing[J]. ACM Transactions on Graphics，2003，22（3）：313-318.

[15]　普园媛. 云南重彩画艺术风格的数字模拟及合成技术研究[D]. 昆明：云南大学，2010.

[16]　卢丽稳，普园媛，刘玉清，等. 云南重彩画人脸肖像生成算法[J]. 图学学报，2013，34（3）：126-133.

后　记

感谢您读完了这本书。

这些年，作者一直在从事图像视觉属性传递领域的科研工作，也取得了一定的研究成果。借此机会，作者对此前的科研工作进行了梳理和总结，同时也在书中展示了部分科研成果。然而，科研是永无尽头的，尤其是对于一位科研工作者来说，我们更应该树立终身学习的理念。

希望本书中所提到的算法以及对图像视觉属性传递的相关见解对广大读者有所帮助。未来作者也将继续进行该领域的研究，期望能给读者带来更加深刻和前沿的见解与分析。